생각하는 수업,
하브루타

아이를 강하고 특별하게 키우는 유대인 생각법

생각하는 수업, 하브루타

김도사 기획 · **지성희** 지음

위닝북스

하브루타로 아이와 함께 성장하라!

당신의 아이는 세상에 단 하나뿐이다. 그래서 어느 책을 읽어도 지금 당신이 겪고 있는 육아 문제를 한 방에 속 시원하게 해결해 줄 수 없다. 책 속의 아이는 당신의 아이가 아니고 책 속의 부모 또한 당신이 아니기 때문이다. 나 또한 그러했다. 금쪽같았던 내 아이에게 상처를 주고 그 상처가 제대로 아물지 못해 아이는 오랫동안 아파했다. 마침내 그 상처에 꾸덕하게 딱지가 앉고 흉이 지는 모습을 보면서 나는 엄마로서 아프게 성장하고 있다.

부모는 아이가 만나는 환경의 전부다. 부모를 뛰어넘는 모습으로 훌륭하게 자라주면 더할 나위 없이 좋겠지만, 아이는 부모의 모습을 그대로 답습한다. 그래서 아이를 제대로 키우고 싶다면 반드시 부모가 먼저 성장해야만 한다.

아이가 성장통을 겪듯이 부모도 급격하게 자라는 자식들을 따라 가려면 성장통을 겪을 수밖에 없다. 나는 부모들의 성장을 돕기 위해 이 책《생각하는 수업, 하브루타》를 세상에 선보이게 되었다. 하브루타는 유대인이 지식을 갈고 닦는 과정이다. 한 번에 끝나는 것이 아니라 지식이 성장하면 성장할수록 다른 관점의 질문을 하게 되고 다른 사람의 질문에 대답할 수 있게 되는 것이다.

모든 문제 해결점의 시작은 대화다. 상대방의 마음을 알기 전에 자신의 내면과도 대화할 수 있어야 한다. 내가 어떠한 부모가 되고 싶은지, 왜 육아를 해야 하는지에 대해 나와의 대화, 그리고 부부 간의 대화를 통해 알아가야 한다.

서로의 마음을 알지 못하면 일어나는 문제를 파악할 수도 없고 해결할 수도 없다. 하브루타는 아이와 대화를 시작하는 데 있어 최선의 선택이 될 것이다. 어떤 질문으로 시작해야 하는지, 질문을 해도 답하지 않을 땐 어떻게 해야 하는지, 어떻게 공감해 주어야 하는지에 대한 해답을 얻을 수 있을 것이다.

아이가 자라듯이 부모도 성장해야 한다는 것을 잊으면 안 된다. 부모가 달라져야 아이도 달라질 수 있다는 것은 많은 사람들이 강조하고 있고 실제 사례와 연구들로도 증명되고 있다. 당신이 어떤 부모가 되느냐에 따라 당신의 아이도 달라지는 것이다. 부모로서 성장하는 것을 넘어서서 우리 가족만의 문화를 만들어 내고 함께 대화를 시작하는 첫 걸음에 손을 내밀어 당신을 잡아 주는 책이 되길 바란다.

책을 쓰는 동안 사랑과 희생으로 도와주신 현명한 시어머님과 시아버님, 책을 좋아하는 사람으로 자랄 수 있도록 길러주신 친정 어머니, 내가 힘들어할 때마다 '내가 만나 본 사람 중에 당신이 글을 제일 잘 쓴다'며 격려해 준 남편, 그리고 아직 어린데도 응원해 준 아들 시율이와 엄마의 빈자리를 채워 준 기특하고 대견한 딸 수빈이에게 나의 삶과 영혼을 다해 고마운 마음을 전한다.

끝으로, 책을 쓰는 것뿐만 아니라 스스로 새로운 가능성을 안고 성장할 수 있도록 가르침을 주신 〈한국책쓰기1인창업코칭협회〉 김태광 대표 코치님과 이 책이 나올 수 있도록 처음부터 끝까지 섬세하게 살펴주신 〈위닝북스〉 권동희 대표님께 깊은 감사를 전한다.

이 책이 여러분의 시작과 변화에 용기를 줄 수 있기를 기쁘고 감사한 마음으로 기도한다.

2019년 3월
지성희

CONTENTS ———————————————————————————

PART 1

내 아이를 강하고
특별하게 만드는 하브루타

PART 2

질문으로 생각의 힘을 키우는
하브루타

PART 3

질문하는 아이
VS
듣고 외우기만 하는 아이

PART 4

아이의 말문과 생각을 여는
8가지 부모수업

PART 5

하브루타는 아이에게 줄 수 있는 가장 큰 선물이다

내 아이를 강하고
특별하게 만드는 하브루타

내 아이를 강하고 특별하게 만드는 하브루타

지적교육의 주요한 부분은 사실의 습득이 아니라
습득한 것을 얼마나 잘 실천하느냐 하는 것을 배우는 것이다.

· 올리버 웬델 홈즈 ·

당신은 얼마나 강한가? 혹은 얼마나 특별한가? 이런 질문을 받았을 때 선뜻 "나는 강하다!" 혹은 "나는 특별하다!"라고 말할 수 있는 부모는 얼마 되지 않을 것이다. 많은 부모들이 아이를 키우며 부족함과 약함을 느끼고 있기 때문이다.

나는 문득 궁금해졌다. 도대체 '강하다', '특별하다'라는 것은 무엇일까? '강하다'의 사전적 의미는 '무엇에 견디는 힘이 크거나 어떤 것에 대처하는 능력이 뛰어나다'이다. 나는 뜻을 찾아보고 적지 않게 놀랐다. 그저 '힘이 세다' 정도로 생각했는데, 무언가에 견디는 힘이 크다는 것은 시련, 고통, 스트레스에 견디는 힘, 즉 회복탄력성이 크다는 뜻이고, 어떤 것에 대처하는 능력이 뛰어나다는 것은 유연성을 이야기하고 있는 것이기 때문이다. '유연하다' 는 '강하다'와 상반되는 느낌인데, '강하다'의 사전적 의미에 이미 '유연함'이 담겨 있는 것을 보고 많은 생각이 들었다.

그럼 '특별하다'의 의미는 무엇일까? '보통과 구별되게 다르다'는 뜻이다. 여기서 주목해야 할 단어는 '구별'이다. 단순히 뛰어난 존재가 아니라 구별되는 특별한 존재로 아이를 키워야 하는 세상에 우리는 살고 있다. 강하고 특별하게 키우려면 어떻게 해야 하는 것일까?

요즘 독박육아, 전투육아, 육아우울증이라는 말을 자주 접한다. 아이를 기르면서 느끼는 행복이나 감사함, 감동보다는 '엄마인 나도 힘들다, 나도 숨 좀 쉬자'라고 생각하며 엄마가 얼마나 힘든가에 더 비중이 실린 듯한 느낌을 받는다. 나도 예상치 못했던 둘째를 처음 만났을 때는 힘들었다. 아직 제대로 육아의 방향을 잡지 못해 주관이 없었던 그때는 나도 똑같이 힘들다고 생각하고 내가 얼마나 고생하고 있는지에 포커스를 맞추고 있었다. 안타깝게도 나 또한 많이 성장하지 못한 미숙한 엄마였다.

큰아이가 세 살 무렵, 우리는 경기도에 전원주택을 지어 이사했다. 아이에게 아토피가 있었고, 남편의 회사가 이전하기도 해 내린 결정이었다. 이사한 지 며칠 되지 않은 어느 날, 큰아이와 함께 2층 방에 누워 창밖을 보고 있었다. 당시 우리 마을은 아직 집이 많이 없었고 가로등도 없을 때라 주변이 어두워서 별이 아주 잘 보였다. 그때 딸아이가 말했다.

"엄마, 별이 참 예쁘다."

"응, 그래. 별이 참 예쁘네."

"엄마. 나 정말 행복해, 별이 보이는 방이 있어서. 엄마 아빠, 사랑해요."

아이에게 사랑한다고 많이 말해 준 편이었지만, 그때가 딸아이가 먼저 우리에게 사랑한다고 말한 첫 번째 순간이었다. 얼마나 특별한 아이인가? 별의 아름다움을 알고, 부모에게 감사를 표현하는 아이. 남편과 나는 서로 눈을 마주치고 웃었다. 집을 짓기 위해 고생했던 시간들이 딸아이의 말 한마디로 모두 보상받는 듯한 느낌을 받았다. 그날의 감동이 참으로 컸다. 아이가 너무 귀하고 예쁘고 기특했다. 적어도 동생 없이 아이 하나였던 시기에는 더 그랬다.

어느 초여름의 한낮, 집 밖에는 이름 모를 보라색 야생화 꽃이 피어 있었다. 함께 산책을 나서던 중, 아이가 허리를 구부리고 그 꽃을 바라보았다. 그래서 나는 같이 꽃을 바라보며 딸아이에게 말했다.

"별아, 꽃이 참 예쁘네. 여기는 바위틈인데 여기서도 피었네."

"엄마, 꽃이 참 보들보들하다."

36개월도 안 된 아이가 '보들보들하다'라는 표현을 하다니, 기뿜을 감출 수가 없었다. 아이에게 책을 많이 읽어 주고 같이 노래해 주었던 시간들이 스쳐지나갔다. 그렇게 특별한 아이라고 생각하며 기특해했다.

이렇게 세상의 온갖 좋은 엄마 타이틀은 다 머릿속에 넣은 듯이 육아하던 나였지만, 둘째가 생기고 나서부터는 그 모든 것이 다 무너져 내렸다. 나는 더 이상 특별하고 귀한 딸아이를 있는 그대로 관심 있게 지켜보고 눈을 맞추고 대화하는 엄마가 아니었다. 둘째가 생기니 아무것도 생각대로 할 수가 없었다. 그리고 둘째에게도 애착육아를 해 주어야 한다는 생각과 첫째 아이에게도 책을 읽어 주고 같이 놀아 주어야 한다는 생각에 몸도 마음도 지쳐가기만 했다. 어떻게 해야 할지 몰랐다. 그리고 내가 지쳐가니 그토록 특별하게 느껴졌던 내 아이의 귀함을 더 이상 찾을 수도 만날 수도 없게 되었다.

만약 내가 그때 하브루타를 접했다면 내 아이의 특별함을 무시하지 않았을 텐데, 하는 아쉬움이 많이 남는다. 내가 남매 육아의 중심을 잡지 못하고 허덕이고 있을 때 큰아이의 마음은 조금씩 멍들고 있었다. 그토록 다정하던 엄마가 신경질적으로 변했고, 자신에게 온갖 관심을 두고 있었던 엄마가 이제는 혼자 알아서 하라고 하고 동생만 보살피는 듯한 느낌에 아이는 아주 천천히 상처를 입었을 것이다.

엄마가 육아의 중심을 잡아야 아이에게 혼란과 상처를 덜 줄 수 있다. 내 아이를 남과 비교하지 않고 남과 다르게 자랄 수 있도록 환경을 만들어 주고 아이를 격려하는 것, 그것이 바로 하브루타의 시작이라고 나는 생각한다.

부모는 모두 자신의 아이가 어려움에 유연하게 대처하며 실패해도 좌절하지 않고 도전하는 아이로 자라나길 바란다. 강하고 특별하게 말이다. 그런데 이렇게 자라려면 아이 혼자서는 어렵다. 부모가 가장 큰 지원군이자 격려하는 사람이 되어 주어야 한다. 부모가 참여하지 않으면 누구도 아이를 그렇게 만들어 줄 수 없다.

아이들은 누구나 세상에서 가장 특별하게 태어난다. 그 특별함을 제대로 알아보고 키워 주려면 부모가 먼저 달라져야 한다. 그래야 내 아이가 남들과는 다른 자신만의 생각을 만들어 갈 수 있다. 스스로 고유한 생각을 가질 수 있게 도와주고 그 생각을 표현하고 또 확장할 수 있도록 관찰하고 격려하며 관심을 줘야 한다. 하브루타야말로 미래를 살아갈 내 아이의 강함과 특별함을 발견하기 위한 소중한 열쇠라는 것을 잊지 말자.

유대인 성공의 비밀, 하브루타

앞으로의 세계는 지식이 모든 생산 수단을 지배하게 되며,
이에 대비한 후세 교육 없이는 어느 나라든 생존하기 어렵다.

· 앨빈 토플러 ·

　우리 시대의 성공이란 무엇을 말하는 것일까? 특히 요즘은 물질적인 가치, 즉 돈을 빼놓고는 성공을 논하기 어려운 시대다. 물론 소소한 행복을 이야기하고 현재 상황에 만족하며 살아가는 것을 가치로 생각하는 사람들도 많지만, '성공'한 사람을 떠올리면 모두 돈이 많은 것을 알 수 있다. 돌려 생각하면, 성공하는 사람들은 경제관념이 있고, 돈의 흐름에 관심이 있는 사람들이라는 말이 된다.

　유대인들은 아주 성공한 민족이다. 유대인은 약 1,500만 명으로, 세계 인구의 0.2%밖에 되지 않는 소수지만 노벨상 수상자들 중 대략 20%의 비율을 차지하고 있다. 게다가 하버드, 아이비리 그 같은 명문대학의 전체 학생 중 약 22%가 유대인이다. 도대체 유대인은 어떻게 이렇게 성공하고 있는 걸까?

많은 책과 다큐멘터리 방송 등에서는 '하브루타'를 그 이유로 꼽는다. 하브루타는 유대인의 교육과 문화를 유지하는 방법이다. 그들은 짝을 지어 토론하는 것을 기본으로, 1:1로 생각과 의견을 나누는 하브루타에 익숙하다. 왜 이것이 성공의 비밀이 되었는지 궁금하지 않은가?

다양한 경우가 제시되고 있는데, 그중에서도 나는 상황에 대한 질문과 관점에 주목했다. 다음 질문에 대해 한번 생각해 보자.

"1층 상가에 쿠키 가게를 냈는데, 바로 건너편에 또 쿠키 가게가 오픈했다. 이때 어떻게 해야 할까? 영업을 포기해야 할까, 아니면 계속 이어가야 할까?"

어른도 생각하기 어려운 문제가 아닐 수 없다. 그렇지만 유대인 아이들은 아주 어린 나이부터 이보다 더 복잡한 상황에 대해 질문하고 토론한다. 그렇다면 우리도 하브루타로 이 상황에 대해 질문을 한번 만들어 보자. 어떤 질문을 할 수 있을까? 질문을 하려고 생각하니 당신의 머릿속에 어떤 작용이 일어나는가?

질문을 할 때는 그 상황에 대해 생각하고 판단하며 상대방이 왜 그랬을까 미루어 짐작해 보아야 한다. 그리고 지금 나의 상황을 판단하는 능력이 있어야 한다. '나는 지금 어떻게 하고 싶은 가?'에서 시작해 '지금 상황에서 나는 무엇을 할 수 있는가?'까지 고려되어야 한다.

- 내가 이 장소를 꼭 고수해야 하는 이유가 있는가?
  (시장성, 주변 유동인구)
- 그렇다면 건너편과 상권이 분리가 가능한가?
- 그렇지 않다면 나는 더 적극적으로 영업을 할 의지가 있는가?
- 구체적으로 얼마큼의 손해까지 감수하며 영업을 할 의사가 있는가?
- 건너편 가게 사람과 의논해서 판매하는 상품을 달리할 것을 제안해 보면 어떨까?
- 건너편 가게 사람과 만나야 할까?
- 어떻게 하면 두 가게 다 성공할 수 있을까?
- 꼭 둘 중 하나는 없어져야 한다면 나는 어떻게 해야 할까?
- 없어져야 하는 가게의 기준은 무엇인가?

생각하고 가정하기에 따라 이보다 더 많은 질문과 상황이 나올 수 있다. 어떤 상황에 대해 분석하고 다른 사람의 입장을 고려하면서 내가 할 수 있는 일, 해야만 하는 일에 대한 생각은 비전과 목표를 설정하는 일과 크게 다르지 않다. 내가 하고 싶은 것, 나의 생각, 내가 잘하는 것, 그리고 다른 사람이 필요로 하는 것을 생각하고 배려하는 것은 결국 사업의 성공요인이 아니던가? 나는 하브루타가 단순한 공부방법이 아니라 인생을 경영하는 방법이라고 생각한다.

나는 김금선 하브루타부모교육연구소 소장의 강의에서 자선이 자존감이 되는 이유를 듣고 아주 깊은 울림을 받았다. 유대인은 '쩨다카(tzedakah; 기부, 자선이라는 뜻의 히브리어)'라는 자선교육으로 경제를 가르친다고 한다. 유대인 아이들은 아주 어려서부터 용돈을 받으면 일부를 기부한다. 그럼으로써 '아, 나는 어려운 사람을 돕는 참 괜찮은 사람이구나'라는 생각을 하게 된다. 실로 어마어마한 자존감 수업이라고 할 수 있다. 세상과 함께 사는, 동시대 사람들을 배려하는 마음으로 진정한 리더를 길러내고 있는 것이다. 이러한 논리와 사람에 대한 배려와 상황에 대한 판단으로 유대인은 어마어마한 성공의 경험을 만들고 있다.

잠시 자신의 하루 일상을 돌아보자. 나는 아침에 일어나면 커피 한 잔을 마신다. 그런데 가끔은 스타벅스에 가서 커피 마시는 것을 좋아한다. 그리고 스마트폰 혹은 노트북으로 구글에 접속하며, 페이스북과 유튜브를 이용한다. 영화를 보는 것을 좋아하는데, 그중에서도 스티븐 스필버그 감독의 영화를 좋아한다. 청바지를 즐겨 입고, 특별한 날에는 배스킨라빈스에서 아이스크림 케이크를 먹고, 달달한 게 먹고 싶은 날에는 던킨도너츠에 가서 달콤한

도넛과 커피를 즐긴다. 아이들을 위해 가끔 토이저러스에서 장난감을 사 주고, 코스트코에서 장을 보기도 한다.

지금 내가 언급한 회사는 모두 유대인의 영향력 아래 있는 것들이다. 이 외에도 경제, 금융, 석유, 정보통신, 법률, 언론, 정치 등 중요한 분야의 각계각층에 유대인의 기업들이 있다. 얼마나 빠르게 성공하고 얼마나 크게 성공하는지 자세히 들여다볼수록 유대인의 성장속도는 놀랍기만 하다. 그러한 성공의 기반은 바로 '생각'이 아니었을까? 태어나서 부모와 함께 쌓고 물려받은 민족의 지혜, 하브루타 덕분이 아닐까?

여기서 성공은 막연한 것이 아니라, 아주 구체적이고 실질적인 목표와 그 목표를 이루기 위한 실제적인 행동이라는 것을 알 수 있다. 당신은 무엇으로 어떻게 성공하고 싶은가? 이 대답에 구체적이고 실질적으로 대답할 수 있다면, 당신은 이미 성공의 문턱에 서 있는 것이다.

유대인은 아주 구체적이고 실질적인 비전을 가지도록 교육한다. 그리고 하나의 주제로 아주 다양한 방향에서 토론하고 생각하는 교육을 통해 실리적인 사고와 다양한 관점을 가질 수 있도록 도와주며, 이를 통해 논리적이고 실용적인 사고를 기르게 된다. 부딪히고 만나는 모든 상황에 대한 질문과 대답, 토론은 경험을 넓혀 주고 함께 살아가는 인류가 어떻게 생각하고 행동할지에 대해 고민하게 해 준다. 그리고 이는 창업과 관련된 아주 중요한 생각이다. 다양하게 창조적으로 도전할수록, 그리고 실패를 끝이 아니라 성공을 위한 경험으로 생각하고 또 도전하는 것이야말로 성공할 수밖에 없는 패턴이 아닐까?

유대인은 배움과 교육을 가장 큰 가치로 여기고 가족 모두가 그 전통을 고수한다. 아이를 씨앗에서 피어나는 예쁜 꽃이 아니라 수년 동안 애정과 관심을 주면서 키워내야 하는 나무라고 생각하고, 가족의 관심과 사랑으로 소중하게 지키고 키워내는 것이다.

육아에 엄청난 자신감을 보이는 엄마는 드물다. 그리고 다수의 엄마들이 자신이 좋은 선생님이라는 생각을 하지 못한다. '나는 엄마지, 선생님이 아니니까'라는 생각이 보편적이다. 육아가 힘에 부치기에 단 몇십 분 혹은 한두 시간이라도 학원이나 학습지 선생님에게 도움을 받고자 한다. 하지만 유대인의 경우에서도 알 수 있듯이 가장 좋은 선생님은 바로 부모이며, 부모가 제대로 중심을 잡고 육아를 할 때 아이가 가장 행복하게 살 수 있다.

유대인의 모든 것이 100% 맞다고는 할 수 없다. 하지만 전통으로 내려오는 수많은 지혜를 나누고 가정과 자녀를 제일 소중하게 여기는 것, 그리고 이것을 지속적으로 유지하는 힘이야말로 유대인을 성공에 이르게 하는 가장 큰 원동력이 아닐까.

공감이 없다면 대화가 아니다

학교가 없는 도시에는 사람이 살지 못한다.
· 《탈무드》 중에서 ·

딸아이가 일곱 살이 될 즈음 나는 육아에 어려움을 느끼기 시작했다. 아이와 대화하는 것이 어렵다고 느껴졌다. 그런데 지금 생각해 보면 대화가 아니라 나의 일방적인 지시였다. 그러나 그때는 그것이 대화라고 생각했고, 소통이 되지 않자 육아를 막연히 어려운 것으로만 여기게 되었다.

그러던 중 교육청에서 진행하는 좋은 부모에 대한 강의를 듣게 되었다. 나는 강연자에게 질문할 기회를 얻게 되어 평소 고민이었던 부분을 물어봤다.

"아이에게 '아, 그렇구나'라고 공감해 주고 제가 하고 싶은 말을 했는데요. 어느 날부터인가 아예 이 방법이 통하질 않아요. 아이가 저랑 대화를 하지 않아요. 제 말을 듣지 않아요."

"어머님, 솔직히 말씀해 주셨으니 저도 솔직히 말씀드려도 될까요?"

"네."

"어머님. 이제 더 이상 '아, 그렇구나'는 통하지 않을 겁니다. 그 패턴은 이미 아이에게 읽혀버렸거든요. 아이는 더 이상 어머님의 공감을 공감이라고 인정하지 않을 겁니다. 왜냐하면 '아, 그렇구나'가 공감이 아니라 어머님이 하고 싶은 말을 하기 전 단계인 것을 알아버렸으니까요."

나는 그 순간을 잊을 수 없다. 마치 앉아 있던 의자 속으로 몸이 끌어당겨지는 것만 같았던 그 순간을 말이다. 나는 다시 질문했다.

"선생님, 그럼 이제부터 뭐라고 하죠? 전 어떻게 해야 하죠?"

다급한 나의 질문에 그분은 낮고도 단호한 목소리로 이렇게 말했다.

"어머님, 뒷말은 하지 마세요. 그냥 정말 진심으로 공감만 해주세요. 아마 아이가 그걸 진심 어린 공감이라고 느끼는 데도 시간이 걸릴 겁니다."

나는 다시 의자가 나를 끌어당기기라도 하듯이 깊숙이 앉았다. 그때 그 마음을 어떻게 표현해야 할까. 덜컹. 툭. 내 마음이 소리를 내는 것 같았다. 나는 공감이라고 했던 표현들이 결국 내 이야기를 하기 위한 형식적인 말같이 되었다는 게 참으로 안타까웠다.

강의가 끝나고 집으로 돌아오는 길에 첫째 아이를 처음 만났던 순간을 떠올렸다. 병원에서 아이를 낳고 산후조리원으로 간 첫날, 난방이 되지 않아 수유실에서 아이를 안고 꼬박 밤을 새우던 날이 기억났다. 잘 나오지도 않는 모유를 수유하면서 이 작고 작은 아이를 꼭 품고 있던 순간은 너무나 소중했다.

그런데 왜 그렇게 소중한 내 아이에게 상처를 주었던 걸까. 아이와의 속상했던 시간들을 떠올리며 나는 저릿한 마음을 꾹 눌렀다. 속상했다. 마음이 쓰려왔다. 나는 아이와 대화를 한다는 것이 무엇인지에 대해 더 알고 싶었다. 관련 서적을 읽기도 하고 관련 강의가 없을까 찾아보았다.

그러던 중 남편의 회사에서 아이와의 대화를 주제로 부모교육이 있다는 소식을 들었다. 우리 부부는 아이에 대해 이야기를 많이 나누는 편이었고 남편은 나의 고민을 알고 있었기 때문에 나와 함께 부모교육을 들었다.

그런데 이 강의가 참 특이했다. 강연자는 자리에 모인 부모들에게 이렇게 질문했다.

"왜 오셨습니까? 뭐가 궁금합니까?"

그런데 아무도 이 질문에 대답을 하지 못했다. 나도 그 질문에 대답할 생각을 하지 못하고 그냥 앉아만 있었다. 한참 시간이 흐른 후에야 그분은 대화란 무엇이라고 생각하느냐면서 자신이 말해 주는 다음 상황 중 대화가 무엇인지 답해 보라고 했다.

어느 엄마와 아들이 있었다. 엄마는 저녁식사를 차린 뒤 아들의 방으로 갔다. 그런데 방 안이 정리가 하나도 안 되어 있고 아들은 컴퓨터 게임만 하고 있었다.

"아들, 저녁 먹어."

아들은 컴퓨터 모니터에 시선을 고정한 채로 말했다.

"안 먹을래."

엄마는 화가 났다.

"왜 밥을 안 먹어? 얼른 먹고 방도 좀 치워!"

아들은 시큰둥하게 대답했다.

"귀찮아."

엄마는 폭발했다.

"아니, 뭐가 귀찮아?! 다 차려놓은 밥 먹는 것도 귀찮아? 방 치우는 것도 귀찮아서 못했어?"

엄마는 거의 고함을 쳤다. 그러고는 도무지 아들과 말이 통하지 않는다며 속상해했다.

이야기를 끝낸 강연자는 이 이야기 중 어느 부분이 대화인지 말해 보라고 했다. 서로 말을 나눴으니 대화 아닌가? 나 또한 아이와 이런 식으로 말을 나눈 적이 있었다. 나는 선뜻 대답할 수 없었다.

한참의 정적이 흐른 후에야 "이 이야기에는 대화가 전혀 없습니다."라는 강연자의 말을 들을 수가 있었다. 장내는 조용했다. 그랬다. 아이와 대화가 안 되어 찾아왔지만 사실은 아이에게 문제가 있을 거라고 생각했지 나에게 어떤 문제가 있는지, 내가 잘못한 것은 무엇인지에 대해서는 간과한 채였던 것이 부끄러웠다. 그렇다면 어떻게 해야 하는 걸까? 강연자는 대화란 이런 것이라며 어느 아버지와 아들의 이야기를 해 주었다.

고등학생 아들이 담배를 피우다가 아버지한테 들켰다. 아버지는 아들에게 이렇게 말했다.

"아들, 담배 끊는 거 힘들다. 아빠가 담배 피우다가 끊을 때 많이 힘들었어. 건강도 안 좋아지고, 좋은 게 없더라고. 아빠는 네가 덜 힘들었으면 좋겠다. 하하하."

아빠는 아들의 어깨를 두드리며 웃었다. 이 아들은 더 이상 담배를 피우지 않고 친구들에게도 금연을 전파했다고 한다.

나는 강의가 끝나고 돌아오는 길 내내 남편과 대화가 무엇인지에 대해 이야기를 나누었다. 그리고 관련 책도 읽어 보면서 내 나름대로 대화가 무엇인지 윤곽을 잡아가기 시작했다.

대화는 바로 경험을 나누는 것이다. 대화는 상대방의 지금 상태에 대한 공감에서 시작해야 한다. 그다음이 질문이다. 그것이 대화의 시작이라고 생각한다.

나는 북큐레이터로 일했다. 워낙 책을 좋아하기도 했고, 자녀 교육에 대한 세미나 정보를 빨리 얻을 수 있어서 택한 일이었다. 그 일을 하면서 고마운 고객들을 많이 만났다. 책을 좋아하고 책의 가치를 아는 분들이다. 그중 한 분이 유치원에서 하는 부모 특강에 나를 초대해 주었다. 그 강의에서 김금선 소장을 만났다. 하브루타에 관심이 생겨 알고는 있었지만 책이 아닌 멘토의 가르침에 목말라 하고 있던 차였다. 강의를 들으며 내가 답답하게 느껴 왔던 부분에 대해 좀 더 현명하고 지혜롭게 시도해 볼 수 있는 방법들을 알게 되었다. 강의 내내 나는 엄청 울었다. 그리고 마음먹었다.

'하브루타를 사람들에게 알려야겠다. 하브루타가 답이구나!'

그렇게 나는 하브루타에 입문했고, 내 아이도 나로 인해 하브루타와 처음 만나게 되었다. 만약 그때 하브루타를 만나지 않았다면 나는 계속 고민하고 있었을 것이고 아이와의 관계도 발전하기 어려웠을 것이다.

사실 지금도 질문하는 것이 쉽지는 않다. 하지만 내가 달라지고 있기 때문에 아이도 천천히 달라지고 있는 중이다. 내가 아이에게 한 첫 질문은 "딸, 너는 어떻게 하면 좋겠어?"였다. 이때 아이의 대답은 심드렁했다. 그러나 포기하면 안 된다. 시작보다 더 중요한 것이 바로 지속이다. 시작은 반이 아니다. 잊지 말아야 한다. 시작하고 지속해야 시작이 끝이 될 수 있다는 것을.

하브루타가 주목받는 이유

옳은 행동을 하고 남보다 먼저 모범을 보이는 것이 교육이라는 것이다.

· 순자 ·

육아에도 유행이 있다는 것을 아는가? 아빠육아, 애착육아, 전투육아, 독박육아, 프랑스육아, 핀란드육아 등 그 시기에 많이 회자되는 말들이 있다. 지금은 바로 하브루타라고 나는 생각한다. 하브루타란 도대체 무엇이기에 사람들이 이토록 관심을 가지는 것일까? "왜?"라는 질문을 사회와 부모들이 하기 시작했기 때문이다.

앨빈 토플러는 한국에 쓴 소리와 조언을 아끼지 않았다. 그는 한국의 교육제도를 강력하게 비판하며 "한국 학생들은 하루 10시간 이상을 미래에 필요하지 않을 지식, 존재하지도 않을 직업을 위해 허비하고 있다."고 말했다.

내가 만나는 엄마들은 진심으로 아이가 한글을 떼야 할 나이가 되면 대부분 학습지가 필요하다고 생각하고 있다. EBS 〈사교육의 현실〉이라는 프로그램에 나온 아이들의 공부 이력서를 보면, 대부분 일찍은 3세, 늦으면 5~6세 시기에 국어, 수학, 영어, 한자 등의 학습지를 시작했다고 적혀 있다. 과외와 학원까지, 많은 교육을 시키고 있지만 아이들은 행복하지 않고 청소년 자살률은 여전히 높다. 아이들이 행복하지 않으니 부모도 행복할 수 없고 사회 또한 마찬가지다. 참으로 안타깝다. 이러한 교육열을 방향만 제대로 바꾼다면 우리도 유대인들처럼 세계를 뒤흔들 인재들을 길러낼 수 있지 않을까?

EBS 다큐멘터리 프로그램 중 서울대학교 상위권 학생들의 성적 비결을 알아보는 것이 있었다. 비결은 바로 교수의 강의 내용을 그대로 외워서 써내는 것이었다. 이제 더 이상 이런 방식의 교육은 안 된다. 아이들은 자신의 생각을 적극적으로 표현해야 하고 다른 친구의 생각을 경청해야 한다. 하브루타의 원리가 이와 같다. 어느 한 문장이나 그림이나 현상에 대해서 자신의 생각을 말하고 질문하며 상대방의 질문에 답하고 또 질문한다. 이것이 바로 하브루타의 가장 단순한 원리다.

외우고 그대로 답하는 것은 컴퓨터가 더 잘할 것이다. 우리 아이들이 살아갈 미래에는 인공지능이 있다. 더 이상 뛰어남으로 평가받을 수 있는 시대가 아니라는 말이다. 달라야 한다. 인공지능과 인간의 다른 점은 인간은 서로 완벽하게 같지 않고 다르며 구별된다는 점이 아닌가? 우리 아이들은 무엇으로 구별되겠는가? 외모? 가지고 있는 물건? 아니다. 바로 우리 아이 스스로의 생각이다.

우리 부모님의 부모님들은 아마 다 허황된 꿈이라고 했을지도 모르는 것들을 우리는 너무나 당연하게 누리며 산다. 누구나 컴퓨터를 처음 접했던 순간을 기억할 것이다. 내가 처음으로 컴퓨터를 보았을 때에는 저장장치가 테이프였다. 지금은 CD와 DVD도 사라지고 있는 추세다. 스마트폰으로 돈을 이체하고, 영화를 예매하고, 인터넷을 하고, 사진을 찍으며 소통한다. 심지어 위성으로 지구의 모습을 보고, 지도로 길을 찾는 기술의 발전은 이제 우리 부모님들은 상상하기도 어려울 만큼 빨라졌다. 또한 무인점포, 무인배달, 무인물류 등 단순 노동력은 빠르게 기계로 대치되고 있다.

좋은 대학을 나와서 좋은 회사에 들어가면 장밋빛 미래가 보장되던 시절은 이제 끝났다. 좋은 대학을 나와도 좋은 회사에서 우리 아이를 뽑아갈 이유가 없다면? 좋은 회사를 들어가도 아이가 적성에 맞지 않아 불행하다면? 이제 더 이상 자녀의 미래를 부모가 계획한다는 말은 어불성설이 아닐까?

아날로그로 자라 디지털 세대의 아이를 낳은 지금의 부모들은 과연 아이들에게 무엇을 어떻게 가르쳐야 할까? 미래는 더 이상 부모들이 상상할 수 없다. 우리가 무엇을 상상하든 그보다 더한 미래가 다가오고 매순간 실현되고 있기 때문이다. 그래서 달라져야 한다. 기존의 교육방법으로는 개정된 교과 과정조차 따라가기 힘들다. 선생님이 주도하는 교육이 아니라 아이 스스로 자신의 생각을 만들어가야 한다.

다음 문제를 생각해 보자. 초등학교 3학년 수학 교과서에 나오는 문제다.

"종류와 크기가 다양한 피자 가게에서 철수와 영희가 피자를 반씩 먹었다. 누구의 피자가 더 컸을까? 철수의 피자가 더 크다고 생각하는 이유를 글과 그림으로 설명해 보자. 반대로 영희의 피자가 더 크다고 생각하는 이유를 글과 그림으로 설명해 보자. 마지막으로 반 친구들에게 자신의 의견을 말해 보지."

쉽게 대답하기 어려울 것이다. 왜냐하면, 종류와 크기가 다양한 피자라고 하지 않았는가? 그런데 반씩 먹었다고 하니 도대체 누구의 피자가 더 컸을까?

나는 이 문제를 풀기 어렵다고 생각했다. 도대체 뭐가 더 크다고 이야기해야 하는 걸까? 무슨 근거로? 또 내 말을 증명하려면 어떻게 해야 할까? 기준은 무엇으로 세울까? 정말이지 처음 이 문제를 풀려고 했을 때 막막했던 기억을 지울 수가 없다. 그저 놀라울 뿐이었다.

그러고 나서 든 생각이 '우리 아이들이 이걸 어떻게 풀까?'였다. 생각 없이 풀 수 있을까? 외워서? 예습해서?

중요한 것은 이 문제를 맞히는 게 아니다. 어떻게 자신의 아이디어를 전개시켜서 근거를 찾고 쓰고 설명하고 설득하느냐가 중요한 것이다. 그리고 이 과정에서 실수를 해도 그것을 통해 자신의 의견을 개진하는 방법과 새롭게 설득하는 방법을 다듬을 수 있어야 한다.

하브루타를 하게 되면 이러한 문제에 대해 다양한 관점에서 생각하고 질문하고 듣고 답하는 연습을 하게 된다. 그럼으로써 표현력을 기르고 생각과 관점을 넓혀갈 수 있다. 이제는 정·오답이 중요한 게 아니라 얼마큼의 배경지식과 생각을 가지고 있느냐에서 능력이 판가름 나는 시대다. 그래서 교육열이 세계 최고로 높은 우리 부모들이 하브루타에 관심을 갖는 것이다.

유대인의 성공으로, 노벨상 수상으로, 각계각층에서 두드러지는 성과로 우리는 이제 알게 되었다. 하브루타라는 좋은 방법을 말이다. 우리는 더 좋은 방향을 모색하는 대한민국의 학부모들이다. 이제는 하브루타를 하는 아이와 하지 않는 아이로 나뉠 만큼 자녀교육의 큰 흐름이 되었다. 그리고 결국 하브루타를 하는 아이

와 부모가 더 행복하고 아이의 성적도 더 높아질 수밖에 없을 것
이라 확신한다. 이 흐름에 동참하는 것은 전적으로 당신의 선택에
달려 있다.

하브루타로 육아의 중심을 잡아라

- - -

교육의 뿌리는 쓰지만 그 열매는 달다.

· 아리스토텔레스 ·

육아는 인생의 첫 단추나 마찬가지다. 첫 단추를 제대로 끼우지 않으면 어떤 일이 발생하는지 우리는 경험을 통해 익히 알고 있다. 두 번째 단추도 잘못 끼우게 되고 끝까지 단추를 다 끼워도 옷의 균형이 맞지 않는다. 그래서 결국 다 풀었다가 처음부터 다시 끼워야 한다.

그러나 단추와 달리 사람의 인생은 뭔가 잘못되었다고 해서 쉽게 풀렀다가 다시 끼울 수 없다. 사람은 단추를 잘못 끼우는 동안 상처받고 그 상처는 깊게 남아서 생애를 지배하기도 한다. 그래서 교육을 백년지대계라고 하는 것이다.

오리배를 타 본 적이 있는가? 앞으로 가려면 페달을 세게 밟아야 한다. 멀리 보면서 힘차게 발을 굴리지 않으면 배가 잘 나아가지 않고 방향도 맞지 않는다. 이렇게 작은 배도 힘든데 큰 배는 어떨까? 큰 배로 바다를 항해하려면 무엇이 필요할까? 선박이 안전하게 바다를 항해하기 위해서는 수시로 위치를 확인해야 한다. 배가 정박되어 있고 고정된 목표물이 있다면 확인이 가능하겠지만 망망대해에서는 무슨 수로 알 수 있을까? 그래서 많은 선박들이 다니는 곳에서는 항로 표지가 필요하다. 인위적인 시설, 즉 등대나 임시등, 부표, 도표, 수중음 신호, 공중음 신호, 레이더반사기 등을 활용해서 위치를 확인하는 것이다. 그래야만 방향을 잡고 목적지로 나아갈 수 있다. 그렇다면 육아는 무엇에 의지해야 할까?

세월호 사건은 우리에게 큰 충격을 가져다주었다. 선생님의 말을 무조건 듣고 질문하지 않는 아이를 양성해 온 우리에게 말이다. 나는 세월호 사건이 일이있을 때 사회복지사 실습과정 중이었다. 양로원에서 치매에 걸린 분들조차도 얼마나 인지하고 계신지는 알 수 없었지만 눈물을 많이 흘리셨다. 계속해서 "어떡해. 아이고, 어떡하니."라고 읊조리시는 그분들과 함께 나도 땅이 꺼지는 느낌을 받았다. 죽음을 앞에 두고서도 순종적이었던 아이들을 만든 이 교육을 우리는 어떻게 이해해야 할까? 너무나 가슴 아프고 충격적인 대참사였다.

이제 달라져야 한다. 예전과 똑같이 가르칠 수는 없다. 이제 육아의 진정한 중심은 공교육이 아니다. 가정교육이다. 그리고 선생님이 아니라 부모가 중심이 되어야 한다. 이 교육의 중심을 유대인들은 무려 3,000년 전부터 확립하고 있었다.

유대인들은 아버지가 되기 위한 준비를 따로 할 정도로 육아에 있어서 엄마와 아빠 모두에게 책임을 안겨 준다. 당신은 부모가 되기 위해 어떤 준비를 하고 있나? 어떤 마음으로 부모가 되려고 하는가? 그리고 어떤 부모가 되고자 하는가? 한번쯤 짚어 보고 가야 할 이야기가 아닌가 싶다.

육아는 힘들고 어렵기만 한 것일까? 사실 육아가 어려워진 건 핵가족화 현상과 전혀 무관하지 않을 것이다. 대가족 시절, 우리는 아이 하나를 온가족이 함께 돌보았다. 그것이 당연하고 자연스러운 일이었다. 아이는 엄마, 아빠, 삼촌, 고모, 이모, 할머니, 할아버지 외에도 자주 방문하는 일가친척과 자신의 형제자매로 인해 엄청난 관계 속에서 사회성을 가지고 성장할 수 있었다. 그래서 부모가 느끼는 육아의 부담도 상대적으로 줄어들었다. 그리고 그 시절에는 골목문화가 있었다. 지금처럼 놀이터에 나가서 노는 것을 걱정해야 하는 시대는 아니었다.

대신 요즘 부모들은 이웃이나 커뮤니티를 통해 도움을 얻고자 한다. "옆집 ○○엄마가 그러는데, 그 집 아이들은…", "요즘 ○○에서는 아이들 교육에…." 등 주변 상황에 따라 휩쓸리는 경우가 많다. 그러한 정보들이 확실하고 본받을 만하다면 문제없겠지만, 과연 내 아이에게도 맞는 방향인지는 알 수 없다.

육아의 방향을 제대로 잡기 위해서는 아이를 관찰해야 하고, 부모의 육아 성향에 대해서도 짚어 봐야만 한다. 인터넷 육아 커뮤니티가 모든 것을 해결해 주지는 않는다. 물론 그곳에서 위로를 받을 수는 있겠지만, 가능하면 살아있는 존재에게 받는 위로가 살아있는 사람에게는 더 필요하지 않을까? 특히 엄마는 육아를 해야 하고 정서적으로 안정이 필요한 위치에 있기 때문에 가족의 지지와 위로, 그리고 인정이 필요하다. 그리고 이러한 것은 엄마가 어떻게 하느냐에 달려 있다고 해도 과언이 아니다. 그만큼 한 가족에서의 엄마의 위치와 영향력은 매우 크고 중요하다.

부모가 함께 중심이 되어야 하지만 아직까지는 엄마가 육아의 중심이다. 사실 엄마들은 내 아이에 대해서는 전문가다. 그도 그럴 것이 그렇게 오랜 시간을 같이 붙어 있는데 잘 모르기는 어려울 것이다. 그러나 여기서 중요한 것은 얼마나 관심을 가지고 내 아이를 관찰했느냐 하는 것이다. 그냥 보기만 했다면 아무리 오래 같이 있어도 알 수 없다. 관찰하고 질문하고 대화를 했다면 엄마는 내 아이에 대한 전문가가 될 수밖에 없다.

"누군가 당신을 위해 목숨을 내놓을 사람이 있다면, 그 사람은 당신의 어머니일 것이다."라는 말이 있다. 그만큼 어머니라는 존재는 아이를 위해 많은 것을 희생하고 감내하는 위대한 존재다. 이제 내 아이를 위한 육아의 중심을 잡고, 목표를 바라보고, 지금의 위치를 확인하며 멋진 육아 항해를 시작하자. 당신은 아이를 위한 세상에서 가장 훌륭하고 하나뿐인 항해사다.

하브루타로 소통하면
육아가 쉬워진다

식물은 재배함으로써 자라고 인간은 교육을 함으로써 사람이 된다.

· 장 자크 루소 ·

육아를 하며 가장 힘들었을 때는 언제였는가?

나는 둘째가 생기고 나서 큰아이와 제대로 교감하지 못할 때 가장 힘들었다. 사실 나는 둘째 계획이 없었다. 큰아이를 임신하고 임신소양증이 전신으로 와서 임신 기간 내내 울며 지냈었다. 전신이 피부병 환자처럼 변해갔다. 너무 가려워 계속 긁다가 상처가 날 정도였다. 손톱을 바짝 짧게 잘라 상처를 줄여보려고 했지만 소용없었다. 손을 묶어 놓고 싶었다.

첫 임신은 그렇게 고생스러운 기억으로 남아 둘째 아이를 갖는다는 게 엄두가 나지 않았다. '그 고통스러움을 또 어떻게 반복하지?'라는 생각 때문에 더 그랬다. 그런데도 하늘에서 내게 다시 선물을 내려주었다. 지금은 누군가 둘째를 임신했다거나 낳았다고 하면 진심으로 축복하고 축하를 건넨다. 둘째로 인한 행복과 사랑을 체험했기 때문이다.

하지만 처음에는 준비되지 않아 혼란스러웠던 것이 사실이다. 그리고 안타깝게도 그러한 나의 심리 상태로 가장 상처를 많이 받은 것은 큰아이였다. 아직 어린 나이인데 덜컥 동생이 생겨버려 많이 힘들었을 것이다. 내가 조금만 더 아이의 감정에 대해 고민했더라면 큰아이에게 상처를 덜 줄 수도 있었을 텐데, 하는 아쉬움이 남아 있다.

혼자서 독차지하던 엄마를 양보하고, 가족의 관심이 온통 동생에게 가 있는 것을 보면서 아이는 무슨 생각을 했을까. 나는 둘째를 돌보려니 체력도 마음도 바닥이 난 상태라 아이의 상처를 알아차리지 못했다. 말귀를 알아듣는다는 이유로 큰아이에게 잔소리만 했다. 어느 날 아이와 실랑이를 벌이던 중 아이가 아주 큰 소리로 울며 말했다.

"엄마 미워! 싫어!"

나는 충격을 받았다. 돌아보니 내가 아이에게 참 감정적으로 대했다는 생각이 들었다. 나름 훈육이라고 생각했는데 아이 입장에서는 엄마가 짜증을 내는 것이었으리라. '아, 육아가 이렇게 어려운 것이었나' 하며 좌절하던 중 사실 어려운 것은 육아가 아니라 내 감정을 다스리는 것이라는 생각이 들었다.

아이에게 먼저 물어보았더라면… 아이가 얼마나 엄마를 그리워하고 힘들었는지 진작 물어보았더라면 좋았을 텐데. 그런데 그때는 나도 내 감정을 추스르지 못하는 상태였기 때문에, 아이가 말을 했다고 한들 제대로 받아 주지 못했을 것이다.

사람은 문제가 발생했을 때 해결하는 방식이 다 다르다. 나는 문제를 적극적으로 해결하려고 노력하는 편이다. 예전에는 생각이 많은 편이었는데 인생을 살아오면서 적극적으로 문제를 해결하려고 행동하는 편으로 변했다. 나는 우선 심리센터에 가서 아이의 상태를 진단받아 보았다. 사실 아이의 문제는 부모의 문제라고 많이 이야기한다. 아이와 나 사이의 문제도 바로 나였다. 엄마인 나부터 달라져야 했던 것이다.

우선 아이의 심리 결과는 애정결핍으로 나왔다. 결과를 받아 들고 나는 많이 울었다. 억울하기도 했다. 아이에게 많은 것을 표현해 주었는데 왜 이런 결과가 나왔나 하는 생각에 가슴이 답답했다. 그런 내게 상담사는 이렇게 말했다.

"어머님, 뭔가 억울하세요? 어머님 아이는 많은 사랑을 받아 본 아이에요. 그런데 동생이 생겨서 그 사랑을 못 받으니 허전한 거예요. 어머님, 지금까지 잘해 오셨어요. 이제 또 잘하실 수 있어요!"

그랬다. 나는 방법을 알면서도 제대로 할 수 없었던 내가 싫었고 후회스러웠으며 속상했고 답답했다. 그래서 일주일에 한 번 아이가 놀이수업을 받도록 했다. 달라질 모습을 기대하면서 말이다. 우선 말해두고 싶은 것은, 모든 것은 각자 처한 상황과 환경에 따라 달라진다는 것이다. 놀이수업으로 효과를 본 부모와 아이도 많겠지만, 우리 집은 그 의미를 찾지 못했다. 근원적으로 달라지려면 내가 먼저 달라져야 한다는 것으로 결론을 내리고 놀이수업은 한 달 만에 그만두었다.

나는 아이에게 일주일에 한 번은 어린이집을 일찍 마치고 엄마랑 함께 놀자고 약속했다. 동생 없이 엄마와 단 둘이서만 말이다. 딸아이는 무척 기뻐했다. 나는 그 시간 동안은 온전히 아이에게 마음을 열려고 노력했다. 그리고 눈을 마주하고 이야기를 나눴다. 아이에게 관심을 두고 이것저것 물어보기도 하고 내 이야기를 하기도 했다. 엄마인 내가 달라지니 아이도 달라지기 시작했다.

남편도 그런 나를 크게 지지해 주었다. 남편은 내게 이런 말을 했다.

"예상하지 못했던 둘째를 기르느라 당신이 너무 고생이 많아. 그런데 엄마인 당신이 행복해야 아이들이 행복한 것 같아. 당신만의 시간을 좀 더 가지면 좋겠어."

그때 얼마나 고마웠는지 모른다. 나는 긴 어둠의 터널을 빠져나온 것처럼 달라지기로 결심했다. 그리고 나와 함께 아이들도 조금씩 달라지기 시작했다.

하브루타는 내 아이와 대화를 하는 너무나 훌륭한 방법이다. 무조건 질문하는 것이 아니라 듣기 위해 질문하는 것이고, 아이의 생각을 알기 위해 듣고 질문하는 것이다. 정답을 찾기 위한 질문이 아니라는 것이 중요하다. 하브루타는 아이와 대화를 시작하는 참 좋은 방법이다. 엄마의 입장을 이야기하기 전에 아이의 마음을 먼저 알아주는 것이다. 그렇게 하면 아이가 왜 화를 내는지 그 마음을 알 수 있다. 그렇기 때문에 가장 힘들었던 경우를 생각해 보면 해결의 실마리가 보인다. 지금 아이와의 관계가 힘들다면 해결의 실마리를 찾을 수 있는 기회라고 생각하자.

다만, 내가 그랬던 것처럼 엄마인 나도 아픈 시기가 맞다. 내가 지치지는 않았는지 생각해 보아야 한다. 그리고 지친 상태라면 나를 위해 시간을 내야만 한다. 엄마가 에너지가 있어야 아이의 마음도 들여다볼 수 있다. 잠시 숨을 고르고 아이에게 다가가기 전에 이렇게 해 보자.

- 나를 많이 다독여 주자.
- 나를 진심으로 위로해 주자.
- 나와 내 속에 있는 어린 자아를 꼭 안아 주자.
- 그동안 애쓰고 힘들었다고 고생했다고 토닥여 주자.
- 아이를 위해 더 성장하려고 노력하는 엄마인 나를 자랑스러워하자.

엄마인 내가 노력하고 달라지는 만큼 아이에게 더 많은 사랑을 줄 수 있다. 엄마도 무엇을 하면 행복한지 알아야 한다. 어떻게 스트레스를 풀 수 있는지 알아야 한다. 엄마도 자신을 돌아보고 생각해 볼 시간이 필요하다.

하브루타를 하면 육아가 마법처럼 쉬워질까? 그렇지 않다. 그 어느 것도 일순간에 마법처럼 고통스러운 것들을 없애줄 수는 없다. 다만, 하브루타를 하기 위해 부모가 먼저 마음을 먹고, 알아야 할 것들을 챙기는 과정에서 아이의 입장을 좀 더 이해하게 될 것이다. 그리고 아이와 소통하게 될 것이다. 그렇게 이해하게 된다면 육아가 더 이상 어렵게 느껴지지 않을 것이다.

관심을 갖고 아이를 살펴보는 것은 결국 아이에게 제대로 공감하는 것이고 아이를 인정하는 것이다. 부모와 아이가 감정적으로 치닫게 되는 경우를 보면, 부모가 아이에게 온전히 공감하지 못하기 때문인 경우가 많다. 하브루타를 실천해 보면 알게 될 것이다. 아이의 이야기를 듣고 눈을 마주보고 이야기 속에서 질문하며 서로의 생각을 전달하는 것이야말로 육아가 쉬워지는 최고의 방법이다.

생각수업, 하브루타가 답이다

교육은 그대의 머릿속에 씨앗을 심어 주는 것이 아니라,
그대의 씨앗들이 자라나게 해 주는 것이다.

· 칼릴 지브란 ·

생각이란, '사물을 헤아리고 판단하는 작용'을 말한다. 풀어서 설명하자면, 어떤 사람이나 사건에 대한 느낌이나 상상까지도 생각의 일종이라고 할 수 있다.

생각에도 수업이 필요하다. 나는 이 말을 듣고 생각을 하는 데 무슨 수업이 필요하다는 것인지 이해하지 못했다. 평소 생각이 너무 많아서 탈인 편이라 더욱 그랬다. 그런데 하브루타를 접하고 나서부터는 무슨 뜻인지 알게 되었다. 내가 생각이라고 정의했던 것과 하브루타를 하면서 깨닫게 된 '생각'은 많이 다르다는 것을 알 수 있었기 때문이다.

하브루타를 시작한다는 것은 질문하기를 시작한다는 것과 같다. 내가 처음으로 질문을 만들었던 이야기는 "가난한 사람이 벼락부자가 되었다."라는 문장으로 시작하는 이야기였다. 그런데 처음에는 이 이야기에서 많은 질문을 뽑아 낼 수가 없었다. 우선은 무엇을 질문해야 하는지에 대한 고민이 제일 컸다. 나중에 예시 질문을 본보기 삼아 이렇게 저렇게 질문을 만들어 낸 기억이 난다. 질문에도 연습이 필요하다니 참 신기했다.

질문이나 생각은 그냥 자연스럽게 하는 게 아니었던가? 그리고 왜 질문을 잘하거나 못하는 사람이 있는 걸까? 이런 것들에 대해 고민하면서 '경험해 본 것'과 '실천해 보지 않은 것'의 차이가 크다는 것을 알게 되었다. 하브루타로 질문을 만들고 생각을 나누는 것을 하면 할수록 질문도 다양해졌고, 생각을 나누고 토론하는 것에도 점점 익숙해졌다. 어른도 생각을 하는 데 연습과 경험이 필요하다는 것을 느끼면서 아이들에게도 생각하는 수업이 필요하겠다는 생각을 했다.

그렇다면 생각은 어디에서 나오는 것일까? 나는 경험에서 나온다고 생각한다. 우리가 살아온 시간, 사건은 직접적으로 경험한 것이다. 그리고 우리가 읽은 책, 만난 사람들의 이야기는 간접 경험이다. 하브루타의 경험을 어떻게 설명해야 할까? 하나의 이야기를 입체적으로 살펴보는 것이라고 할 수 있다. 나의 경험과는 다를 수밖에 없는 하브루타 짝의 경험과 관점이 결국 나의 생각을 발전시키는 결과를 만들어 낸다.

내가 10년 전에 읽었던 책으로 하브루타를 한 적이 있다. 2006년에 출간된 스튜어트 에이버리 골드의 《핑》이라는 책이다. 이 책의 부제는 "열망하고 움켜잡고 유영하라!"다. 10년 만에 다시 꺼낸 책은 흘러간 세월을 머금어 색은 바래져 있었지만 나에게는 매우 새롭게 다가왔다.

이 책은 개구리 '핑'이 자신의 꿈을 실현시키기 위해 새로운 연못을 찾아 떠나는 이야기를 담고 있다. 한계에 도전하며 포기하고 싶은 순간도 찾아오지만 핑은 절대 굴복하지 않는다. 도대체 왜 포기하지 않은 걸까? 10년이 지나서야 나는 진지하게 핑의 도전에 대해 질문하기 시작했다. 생각하는 연습, 질문하는 연습을 통해 나도 핑처럼 뭔가 달라지고 있었다. 10년 전에 읽었을 때는 왜 이러한 울림이 없었는지 안타까웠다. 아마도 내가 이 이야기를 받아들일 만큼의 경험이 없었기 때문일 것이다.

하브루타를 끊임없이 경험하고 지속적인 노력으로 성공한 유대인들을 보면 더 절실히 느낄 수 있다. 중국계 미국인인 하버드 대학의 교수 쑤린은 《유대인 생각공부》라는 책에서 생각의 중요성에 대해 말한다. 세계 0.2%의 유대인이 금융, 언론, 문화예술계를 장악한 이유는 바로 그들의 생각 때문이라는 것이다. 말할 수 없이 많은 박해를 받아온 민족이면서도 이에 굴하지 않고 전 세계를 아우르는 부자가 될 수 있었던 것은 바로 유대인만이 가진 독특한 사유의 힘 때문이라고 말이다.

여기서 주목해야 할 것이 있다. 우리 아이들에게 하브루타로 생각하는 방법을 가르치는 것은 다만 아이들의 관점이나 사고를 넓히기 위해서가 아니다. 사실 우리는 하브루타로 성공하는 방법을 가르치는 것이나 다름이 없다. 왜냐하면 수천 년 동안 하브루타로 다져진 독특한 사유의 힘으로 이미 유대인은 인공지능을 활용해서 비즈니스를 하고 있다. 그리고 그들은 그렇게 축적한 부를 사회에 환원하고 더 많은 자선활동을 하며, 지금 이 순간에도 끊임없이 발전하고 있다.

쑤린은 또한 생각하면 기회가 찾아온다고 했다. 이 말에 대해 질문하며 생각을 정리해 보자.

- 생각을 하면 왜 기회가 찾아온다고 했을까?
- 생각을 한다는 것은 깊고 넓은 사고를 할 수 있는 능력을 가지고 있다는 뜻이 아닐까?
- 기회를 알아볼 수 있는 것도 생각의 힘이라고 할 수 있을까?
- 자신이 가지고 있는 생각보다 더 큰 기회가 오면 못 잡을 수도 있을까?

흔히 아는 만큼 보인다고 한다. 사람의 그릇이 다르다는 표현도 있다. 결국 생각을 하고 키운다는 것은 기회를 잡을 수 있는 인물이 된다는 말이 아닌가 하는 생각이 든다.

쑨린은 타인을 이용하고 활용하는 것이 유대인의 독특한 생각법이라고 말한다. 타인을 어떻게 이용하라는 말일까? 이것은 레버리지(leverage)로 설명할 수 있을 것이다. 레버리지는 또 아웃소싱(outsourcing)을 얼마나 현명하게 하느냐에도 달려 있다. 자신이 할 수 있는 가장 가치 있는 일을 하고, 누군가의 돈과 시간과 능력을 빌려서 이룰 수 있는 일을 하라는 것이 바로 타인을 이용하고 활용하라는 뜻이 아닐까? 이는 더 이상 새로운 것은 없을 것 같은 이 세상을 살아가는 데 가장 필요한 능력일지도 모른다.

또한 쑨린은 창의적 사고가 구체적 사고라고 말하고 있다. 문제를 해결하는 데 있어서 구체적인 사고는 오히려 매우 창의적인 사고인 경우가 많다는 것이다. 콜럼버스의 달걀을 한번 생각해 보자. 막상 답을 알고 나면 누구나 할 수 있는 방법이라고 생각하지만 아무도 그치럼 딜걀을 깨트려 세울 생각을 하지 못했다. 얼마나 창의적인 사고를 하느냐에 따라 우리 아이들의 미래는 달라질 것이다.

그리고 협상은 생각의 게임이라고 말하고 있다. 유대인은 장사 수완이 좋고 신용과 약속을 철저하게 지키는 것으로 매우 유명하다. 협상하는 과정을 생각해 보면 상대방의 입장과 나의 입장을 충분히 인지해야 하고 협상에 있어서 유리한 위치를 차지하기 위해 많은 변수를 고려해야 한다. 마치 바둑을 두는 것처럼 말이다.

유대인은 비즈니스에 대해 생각을 많이 활용하고, 심사숙고하며, 재테크에 대해서도 아주 어릴 적부터 배운다. 경쟁만 하는 것이 아니라 때로는 서로 윈윈하며 승리할 수 있는 방법에 대해서도 고민한다. 부자가 되기 위해 노력하고, 또 그렇게 번 돈으로 민족과 사회를 위해 기부와 자선을 아끼지 않는다. 그리고 끊임없이 배우고 도전한다.

하브루타는 내 아이와 나 자신 그리고 우리 가정에 관심을 가지라고 말한다. 아이마다 다르게 대하면서 그 존재를 존중하고 인정하라고 말한다. 하브루타는 아이를 잘 관찰하고 다양한 관점과 인내심을 가져야 한다는 기본적인 가르침을 내재하고 있다. 급변하는 세상에서 중심을 잡아 줄 양육법으로는 하브루타만 한 것이 없다.

하브루타로 아이의 생각을 키워라

*교육에서는 이성의 삶이 과학적인 실험으로부터 이지적인 이론으로,
그리고는 정신적인 느낌으로, 그리고는 신에게로 서서히 나아간다.*

· 칼릴 지브란 ·

우리 집 앞에는 모과나무가 있다. 처음에는 이 모과나무가 죽은 줄 알 정도로 거의 자라지 않았다. 영양분이 부족했던 것인지, 물을 제때 주지 못한 것인지 이유는 알 수 없지만 풍성한 잎을 자랑하는 다른 나무들에 비해 자라는 것이 무척 더뎠다. 하지만 심은 지 3년 만에 잎이 나면서 해마다 점점 더 자라나 지금은 다른 나무들처럼 푸른 잎을 뽐내고 있다.

나무들도 이처럼 제각각 자라는 모습이 다르다. 하물며 사람인 우리 아이들은 말해 무엇 하랴. 아이들이 각각 다른 존재인 것을 인지하고 있으면서도 우리는 아이들의 발달을 기다려 주는 일에 서툴다. 몇 살이 되면 뭘 해야 할 것 같고 또 어느 시기가 되면 이런 것들을 해야 할 것만 같다. 물론 발달의 적기는 분명 있다. 그렇지만 그것이 아이들마다 다 같은 것은 아니다.

나도 아이를 둘이나 낳고 길렀지만 그 둘의 육아는 정말 달랐다. 육아를 경험해 보았다고 해서 연습한 것처럼 둘째 육아가 쉽지는 않았다. 첫째 아이에게는 공을 너무 들였다고 해도 과언이 아니었다. 첫째 아이는 말도 빠른 편이었고, 영유아 검진에서도 늘 좋은 쪽으로 잘 발달하고 있다는 검사결과를 받았다.

그런데 둘째는 신경을 많이 써 주지 못했다. 그래서인지 발달이 느렸다. 특히 말이 느렸다. 어른들은 때가 되면 할 거라고 말씀하셨고, 나는 그 말에 기대면서 책임을 미뤘다. 첫째를 보살펴야 한다는 핑계를 대며 둘째에게는 뭔가를 해 줄 엄두도 내지 못했다.

아이의 생각을 키워 주는 것도 엄마가 노력하기 나름이다. 아이들의 자율성을 볼 수 있는 시기와 상황은 다 다르다. 사실 주변을 둘러보면 서른이 넘어서도 부모의 도움을 받는 사람들을 심심치 않게 볼 수 있는데, 그것을 생각해 보면 열 살도 안 된 아이들이 스스로 뭔가를 한다는 것이 참 쉽지 않음을 알 수 있다.

생각을 다채롭게 자극할 수 있는 하브루타로 우리 아이의 생각을 키워 주자. 하브루타는 질문을 하고 잘 듣고 그 내용 중에서 또 질문하는 것이다. 그런데 부모부터 연습을 할 필요가 있다. 왜냐하면 하브루타에서 부모는 아이의 짝꿍이 되어야 하기 때문이다.

《탈무드》에 나오는 이야기로 함께 연습해 보자.

두 명의 남자가 여행을 하던 중 식량이 모두 떨어지고 말았다. 배가 고픈 이들은 멀리서 집 한 채를 발견했다. 가 보니 사람은 없고 아주 높은 천장에 큰 과일 바구니가 매달려 있었다. 한 남자는 너무 높이 매달려 있어서 먹을 수 없다고 생각했다. 반면 다른 남자는 누군가 매달아 놓은 것일 테니 어떻게든 올라갈 방법이 있을 거라고 생각했다.

《탈무드》에는 지혜가 담겨져 있다고 한다. 어떤 지혜일까? 여기서 우리는 이미 일어난 상황에 대해 긍정적으로 생각하는 힘에 대해 알 수 있다. 자, 그럼 이 이야기에서 질문을 한번 만들어 보자.

- 그래서 이 과일을 먹었을까, 먹지 못했을까?
- 먹었다면 어떻게 먹었을까?
- 사람이 사는 집이라면 사다리도 있지 않을까?
- 집이라면 식탁이나 가구가 있지는 않았을까?
- 못 먹었다면 그냥 아무것도 하지 않아서일까?
- 과일 바구니의 과일은 싱싱했을까?

질문은 정말 다양하게 나올 수 있다. 어른도 처음엔 익숙하지 않아서 이러한 질문을 만드는 것이 어려울 수 있다. 어떤 상황인지를 상상도 해 봐야 하기 때문에 연습이 필요하다. 아이가 하나씩 질문을 했다면 칭찬해 주고 그 질문에 아주 성의껏 대답해 보자. 아이에게 부모가 자신을 존중하고 있다는 긍정적인 에너지를 전달해 줄 것이다.

생각을 키워 주는 영양제가 혹시 있다면, 그것은 '독서'일 것이라고 나는 생각한다. 독서를 표현하는 말 중에서 가장 많이 들어본 것이 무엇인가? '마음의 양식' 아닌가? 마음이 곧 생각이다. 마음이 있어야 몸이 움직이고 생각이 있어야 행동하는 것이니 말이다. 특히나 어린 시절의 독서는 아이에게 아주 많은 영향력을 미친다. 독서를 하지 않고 생각이 저절로 혼자서 넓어지고 깊어지는 것은 상상할 수도 없다.

《좋은 엄마가 선생님을 이긴다》의 저자 인젠리는 저서에서 독서에 대해 러시아의 교육철학자 수호믈린스키의 말을 인용하고 있다. 읽기 능력이 부족하면 뇌의 미세한 결합섬유가 활성화되지 않아서 신경원이 순조롭게 작용하지 않기 때문에 책을 안 읽는 사람은 생각을 잘 못한다는 것이다. 뇌를 연구하는 학자들의 연구결과에 따르면, 뇌는 시냅스의 발달이 가지를 뻗어나가듯이 진행되는데 일정한 영역에서 자극이 더 이상 들어오지 않으면 그 가지를 줄여나간다고 한다. 그러므로 책을 많이 읽은 아이는 다양한 영역에 대한 생각을 보다 쉽게 할 수 있다.

인젠리는 또한 현대 심리학이 다양한 연구를 통해서 독서의 영향력을 증명해 냈다고 전하고 있다. 구성주의 심리학의 대표적인 인물인 피아제, 브루너, 오수벨 등의 학습이론을 보면 사고의 발달과 언어체계의 발달은 서로 밀접한 관계가 있으며, 독서를 통해 배경지식이 풍부한 아이들은 사고능력과 새로운 지식을 학습하는 능력이 향상된다고 주장했다.

이처럼 생각을 통한 질문을 할 수 있으려면 배경지식이 있어야 하고, 배경지식을 쉽게 늘려갈 수 있는 방법은 독서다. 내가 만난 부모 중에서는 왜 책을 읽어야 하는지에 대해 반문하는 사람도 심심치 않게 있었다. 우선 부모가 책을 좋아해야 한다. 아이와 함께 책을 즐겁고 재미있게 보려면 부모 스스로도 책을 좋아해야 더 수월하다.

시험을 잘 보기 위한, 성적을 올리기 위한 독서가 아니라 아이의 생각을 키워 수기 위한 독서를 하자. 거기에 하브루타로 아이의 생각을 물어보고 기다려 주고 들어 주자. 우리 아이의 생각나무는 자신이 좋아하는 분야에서 뿌리를 내리기 시작해 점점 더 넓은 세상으로 뻗어 나가고 확장해 갈 것이다. 부모인 우리가 아이에게 다양한 영역의 책을 경험하게 해 주어야 하는 이유가 바로 이것이다.

하브루타로 아이의 생각과 흥미를 키워라. 부모와 함께하는 하브루타는 아이의 자존감을 키우고 다른 분야에 대한 관심도 자연스럽게 이끌어 줄 것이다. 이로 인해 아이는 강하고 특별하게 자랄 것이다.

PART 2

질문으로 생각의 힘을 키우는
하브루타

질문으로 생각의 힘을 키우는
하브루타

인간은 모방적인 동물이다. 이 특질은 인간의 모든 교육의 근원이다.
요람에서 무덤까지 인간은 남이 하는 것을 보고 그대로 하기를 배운다.

· 토머스 제퍼슨 ·

　문장부호에 따라 글의 내용은 달라진다. 나에게 마침표는 끝, 마지막이라는 느낌이 크다. 종결의 뉘앙스다. 마침표를 보면 뭔가 결정이 난 것 같지 않은가? 이 마침표를 보면서 새로운 출발과 시도를 할 용기를 갖기에는 어려움이 있을 것이다. 마침표에는 새로움이 없다. 결론이기 때문이다. 예를 들어 보자.

"열심히 살아야 해."

　이 문장에서는 그저 열심히 살아야 한다는 것을 말하고 있다. 이것을 다르게 표현해 보자.

"왜 열심히 살아야 해?"

이렇게 물으면 어떤가? 뭔가 대답해야 할 것 같지 않은가? 이 것이 물음표가 가지는 힘이다. 바로 질문의 힘이다. 질문은 우리 에게 생각하게 하는 힘을 가진다. 당연하다고 느껴지는 것에 반문 할 줄 알아야 아이디어가 떠오르지 않겠는가?

나는 하브루타를 만나고 나서부터 더욱 더 물음표 질문을 만들 어 보려고 노력하고 있다. 성공에 대한 질문을 만들어 보자.

"성공은 꾸준히 무엇인가를 해야만 할 수 있는 거야."

- 왜 지금 당장 성공하면 안 되는데?
- 왜 빨리 가면 안 되는데?
- 왜 천천히 헤아려 야는데?
- 천천히 가서 성공하는 것과 빨리 가서 성공하는 것은 뭐가 다른데?

이런 질문이 어색하지는 않은가? 질문은 어느 부분에서는 불 편하기도 하다. 화두를 던지기 때문이다. 생각을 하게 만들기 때 문이다.

하브루타는 동기를 부여하는 물음표다. 엄마에게, 아이에게, 그리고 가족들에게 하브루타는 동기를 부여한다.

- 왜?

- 어떻게?

- 누가?

- 언제?

- 어디서?

- 무엇을?

- 하고 싶어?

- 하기 싫어?

이런 질문들에 대답해 나가다 보면 자연스럽게 내 안에 꿈틀거리는 동기를 만나게 된다. '아, 내가 뭘 하고 싶구나', '내가 지금 하기 싫구나', '놀고 싶구나'처럼 나에 대해 더 잘 알게 된다. 자신에 대해 잘 아는 것은 매우 중요하다.

대한민국에 살면서 공부를 무시할 수 있는 부모는 많이 없다. 우리 아이들 공부에 가장 필요한 능력은 '자기주도'다.

나 또한 어린 시절에는 공부가 너무 하기 싫었다. 매일 받는 학습지를 풀기 싫어 밀려서 혼나던 기억이 지금도 생생하다. 그런데 지금 하고 있는 하브루타 공부는 매일이 즐겁고 생동감 넘친다. 불혹의 나이가 되어가는 나도 이럴진대, 아이들이라고 시켜서 하는 공부가 재미있을까?

나도 결국은 내 어머니와 똑같은 실수를 했다. 몇 년 전 둘째 아이가 생기고 나서 나는 큰아이를 잘 돌볼 자신이 없었다. 그렇게 열렬히 교육열에 불타오르던 엄마였는데 말이다. 그러고 나니 덜컥 겁이 났다. 둘째는 생겼고, 큰아이는 봐줄 자신이 없어 어떻게 할까 고민이 되었다.

그래서 나는 참 바보같이 내가 그렇게 싫어하던 학습지를 시켰다. 거리가 멀어서 한 과목만 하러 오지는 못한다던 선생님의 사정 때문에 국어, 수학, 영어, 연산, 독해 등 꽤 여러 가지를 시켰다. 그때의 나는 육아에 관한 주관을 확립하지 못한 채여서 선생님이 하라는 대로 과목을 늘렸다.

처음에는 아이가 선생님을 잘 따르면 좋은 거려니 생각했는데, 나중에 보니 나의 큰 오산이었다. 아이가 제일 좋아해야 할 사람이 누구인가? 일주일에 한 번 와서 10~20분 보는 사람인가? 아니면 매일 함께 있는 엄마인가? 그리고 선생님이 공부를 전부 다 봐주는 것도 아니었다. "나머지는 어머님이 해 주셔야 해요."라는 말과 함께 내게는 숙제가 생겼다.

나는 점점 화가 나기 시작했다. 도대체 누가 가르치는 것인지 알 수가 없었다. 선생님은 잠깐 와서 조금만 봐 주고 나머지는 내가 해야 했으니 학습지가 조금만 밀려도 아이에게 짜증을 냈다. 누구를 위한 학습지 공부인지 혼란스러웠다. 상황이 이렇다 보니 아이는 점점 공부를 싫어하게 되었다.

어린 둘째를 돌보느라 큰아이에게 시간을 많이 쏟을 수 없어 시작했던 학습지인데, 오히려 손이 더 많이 가게 되면서 아이에게 짜증을 내고 상처를 주게 되었다. 지금 생각해 보면 차라리 놀이 선생님을 불렀어야 했던 게 아닌가 싶다.

그러던 차에 남편이 내게 말했다.

"당신, 학습지를 하면서 아이에게 큰 소리 내는 일이 더 많아지는 것 같지 않아? 아이를 그렇게 다그친다고 그 내용을 다 알 수 있을까? 그리고 결국은 당신이 다 가르치는 것 같은데 뭣 하러 선생님을 부르는 거야? 그 돈으로 나가서 맛있는 거 먹으면서 스트레스라도 풀고 오는 게 좋겠어."

사실 남편에게 처음 이 말을 들었을 때 든 생각은 '나 뭐하고 있었던 거지?'였다. 남편의 말이 틀린 게 없었으니 말이다. 나의 행동이 마음에 들지 않는데도 나의 선택을 존중해서 기다렸다가 이런 말을 건네는 남편에게 참 고마웠다.

그리고 서울대에 특차로 들어간 내 남동생도 내게 이런 말을 했다.

"누나는 왜 아이한테 벌써 학습지를 시켜? 아이한테 어떤 걸 가르치고 싶은 건데?"

고백하자면 이 말을 들었을 당시엔 기분이 좋지 않았다.

'뭐지? 왜 이런 질문을 하는 거지?'

말문이 막혀서 마땅한 답변을 못했다. 그러자 남동생은 말했다.

"누나. 아이에게 궁금한 것이 생기면 책에서 찾아보거나 엄마에게 물어보고 이야기하는 걸 가르치고 습관을 만들어 주어야 하지 않을까? 누나는 왜 자꾸 선생님한테 의지하는 것부터 가르치려고 해? 자기주도는 습관이야. 아이에게 좋은 습관을 주어야지. 누군가에게 의지하는 습관을 경험시킬 필요가 있을까?"

이 말을 들었을 때 내가 단단히 착각하고 있었다는 생각이 들었다. 지금 생각해 보면 내가 너무 안일했던 것 같다. 그제야 남편과 남동생이 왜 이런 말을 해 주었는지 이유를 알 수 있었다. 나는 그제야 아이에게 학습지 하는 것에 대해 물어보았다.

"학습지 공부하는 거 어때?"

"엄마, 난 학습지 공부가 정말 싫어."

한 번도 아이에게 물어볼 생각을 못했기에 싫어하는 줄도 몰랐다. 아이는 6세라는 어린 나이에 학습에 대해 아주 좋지 않은 경험을 한 것이다. 그것도 아이를 생각한다는 이름아래 엄마의 선택으로 말이다. 아이에게는 마침표를 물음표로 바꾸고 싶은 동기가 필요하다. 그 동기는 바로 자신이 스스로 생각하고 싶은 내적인 동기를 말한다.

아이가 누군가에 의해서가 아니라 스스로 자신의 마음을 움직이길 바란다면 먼저 부모도 자신의 육아방향에 대해 주도성을 가지고 깊이 있게 고민해 보아야 한다. 그래야 우리 아이에게 필요한 것을 제공해 줄 수 있다. 그리고 부모도 자기주도적으로 질문을 해 보며 남과 다른 나와 내 아이에게 맞는 육아스타일을 찾을 수 있다.

어떤 질문이 좋은 질문일까?

어린이 교육은 과거의 가치 전달에 있는 것이 아니라,
미래의 새로운 가치 창조에 있다.

· 존 듀이 ·

'질문'의 뜻을 아는가? 자주 쓰고 많이 듣는 단어지만 정확한
뜻을 설명하려면 한번 생각해 보게 된다. 나는 이렇게 잘 알고 있
는 것이라도 다시 생각해 보게끔 하는 것이 좋은 질문이라고 생각
한다. 어떤 개념이나 상황에 대해서 생각하고 고민해 답을 말하게
하고 그로 인해 행동의 변화를 일으킬 수 있게 하는 질문 말이다.

그렇다면 당신이 생각하는 좋은 질문은 무엇인가? 다음 빈칸
에 써 보자. 그리고 사진을 찍어 내가 운영하고 있는 네이버 카페
〈하브루타코칭연구소〉에 올려서 같이 생각을 나눠 보자. 누군가
는 당신의 정의에 감탄하고 크게 공감할 것이다.

내가 왜 써 보라고 했는지 이해가 가는가? 생각만 하는 것과 글로 표현하는 것은 차이가 있다. 당신은 놀랐을지도 모르겠다. 좋은 질문이 무엇인지 자신이 알고 있었다는 것에 대해서 말이다.

문답법으로 유명한 소크라테스는 상대방에게 질문을 던지고 그 답에 있는 모순을 알려 주면서 질문하는 사람의 무지를 자각시키고 사물의 올바른 개념을 알려 주었다. 이 방법은 상대방을 가르치는 것이 아니고, 스스로 진리를 깨닫도록 도와주는 것에 불과한 것이며, '산파술(産婆術)'이라고도 불렀다.

좋은 질문이 궁금한 이유가 무엇일까? 바로 내 아이에게 좋은 질문을 하고 싶기 때문이다. 그런데 당신은 살면서 좋은 질문을 얼마나 받았는가? 혹은 당신 자신에게 좋은 질문을 얼마나 해 왔는가? 질문을 해 왔다면 답을 찾기 위해 노력했을 것이고, 그것은 당신의 삶을 바꾸는 힘이 되었을 것이다. 먼저 당신이 받아본 가장 기억에 남는 질문을 써 보자.

왜 그 질문이 기억에 남았는가? 그 이유를 적어 보자.

이제 아이에게 질문할 내용을 만들어 보자. 이때 당신이 적은 좋은 질문의 정의를 생각하면서 만들어 보자.

이제 당신만의 좋은 질문을 아이에게 전달하자. 그 질문은 다른 사람과 똑같을 이유가 없다. 당신의 경험과 그 질문을 받을 아이와 상황에 따라 달라질 수 있음을 잊지 말자.

우리 집에는 야마하 업라이트 피아노가 있다. 이 피아노를 구입하게 된 것은 내 어린 시절의 위시리스트 때문이다. 어릴 때 나는 가지고 싶은 물건들의 목록을 만든 적이 있다. 그 리스트의 첫 번째 항목이 바로 피아노였다. 나는 피아노가 참 좋았다. 피아노 소리가 마치 내게 이야기를 하는 것 같아서 계속 듣고 싶었다. 때로는 슬프고, 때로는 강한 외침과도 같은 그 아름다운 소리에 많은 위로를 얻었다.

하지만 우리 집은 피아노를 살 수도, 배울 수도 없는 형편이었다. 나는 피아노가 너무 치고 싶어서 종이 건반을 사서 연습했다. 직장에 다니면서 돈을 번 이후에는 저렴한 디지털 피아노를 샀다. 그리고 처음 위시리스트를 적고 약 30년이 지난 후에야 진짜 피아노를 갖게 되었다.

우리 아이들도 악기를 다룰 줄 알면 좋겠다는 생각을 했다. 나처럼 마음의 위로가 되는 친구를 만들어 주고 싶었다. 나는 그중에서도 피아노가 가장 적합하다고 생각했다. 누르는 대로 소리가 나기 때문이다. 어릴 때 바이올린을 배운 적이 있는데 현을 누르고 활로 소리를 내는 일이 쉽지 않아서 성취감을 느끼기 어려웠다. 그런데 피아노는 달랐다. 누르면 바로 소리를 들려주기 때문이다. 그리고 초보자도 연습하면 단기간에 그럴듯하게 연주할 수 있는 매력적인 악기이기도 하다.

나는 딸아이에게 직접 피아노를 가르쳤다. '나비야', '젓가락 행진곡' 등을 연습하거나 자유롭게 기분대로 연주해 보는 놀이를 하기도 했다. 그러던 어느 날, '반짝반짝 작은 별'이라는 노래를 연습하고 불러 주다가 아이와 별똥별에 대해 이야기를 나누게 되었다.

"별똥별은 하늘에서 떨어지는 별을 부르는 말이야. 옛날 사람들은 별똥별이 떨어지면 소원을 빌었대. 우리 별똥별에 관한 느낌을 피아노로 표현해 볼까? 엄마가 먼저 해 볼까?"

나는 건반을 이리저리 눌러서 표현한 뒤 아이에게도 해 보라고 했다. 그러자 아이가 말했다.

"엄마. 나는 좀 슬픈 것 같아."

"왜? 별똥별에 대해서 생각하니까 슬퍼?"

"응…."

"어떤 것 때문에 슬프다고 느꼈어?"

"있지, 엄마. 사람들이 별똥별에게 소원을 빈다고 했잖아. 그런데… 그럼… 떨어지는 별똥별의 소원은 누가 들어줘?"

나는 이 질문이 내가 들었던 가장 좋은 질문이라고 생각한다. 상대방의 입장을 배려하는 마음에서 생긴 궁금증이니 말이다. 떨어지는 별똥별의 소원이라니….

"와, 정말 그렇구나. 엄마도 그렇게는 생각을 못했네. 별똥별이 고마워하겠는데? 우리 딸이 별똥별을 이렇게 걱정해 주어서 말이야."

"엄마, 내가 별똥별의 소원을 들어줘야겠어. 그럼 별똥별이 덜 슬프겠지?"

아이가 이렇게 말했을 때 나는 정말 기뻤다. '그동안 책을 읽게 했던 것이 틀리지 않았구나. 목이 아파도, 늦은 시간에도 아이가 원하면 읽어 주던 내가 틀리지 않았구나' 하는 생각에 벅찼다. 그리고 아이에게 참으로 감사했다. 이런 생각을 가진 아이로, 주변에 관심을 가지는 마음 넓은 아이로 자라 주어서 정말 기쁘고 고마웠다.

질문은 아이의 생각을 열어 주고 이끌어 주며 다른 생각을 하게 하는 씨앗과도 같다. 당신의 경험과 생각 속에서 만들어지고 아이를 위해 고민한 그 시간의 결과가 제일 좋은 질문이다. 이제 당신의 아이에게 어떤 질문을 해야 하는지 조금은 감이 잡히는가? 거창하지 않아도 좋다. 그렇게 시작하는 것이다. 당신만의 좋은 질문, 당신의 아이만을 위한 좋은 질문은 당신만의 것이기에 특별하다. 어떤 질문이 좋은 질문인지는 아이의 입장에서 생각하면 쉽게 찾을 수 있다.

아이의 기질을 존중하라

• • • •

자식을 낳으면, 철들 때부터 착하게 인도하여야 한다. 어려서 가르치지 않다가 이미 자란 다음에
바로잡으려 하면 매우 어려울 것이다. 교육은 빠를수록 좋다.

· 율곡 이이 ·

200점 만점 엄마가 누군지 아는가? 첫째는 딸, 둘째는 아들 남
매를 둔 엄마를 200점 엄마라고 한다. 나는 감사하게도 200점 엄
마다. 그런데 남매를 키우는 것이 생각보다 쉽지 않았다. 우선 첫
째와 둘째가 너무 달랐다. 기질과 성향이 다르니 어려움도 당연하
다고 생각할 수 있는데 말을 하는 나이가 되니 두 아이의 질문도
많이 달랐다. 질문에는 그 사람의 성격이나 가치관이 들어가는 것
은 당연한 것이지만 엄마는 곤혹스러운 경우가 있다. 왜 첫째와
둘째는 이렇게 다를까? 나는 '책 속에 길이 있다'는 생각으로 책
을 찾아보면서 그 차이를 조금 이해할 수 있었다. 그리고 신기한
것은 아이를 위해 책을 읽으면서 결국은 맏이인 나에 대해 더 이

해할 수 있었다는 것이다.

케빈 리먼은 저서 《첫째아이 심리백과》에서 맏이의 특징에 대해 설명했다. 비행기에서 한 여자가 스도쿠 책을 꺼내는 순간 케빈 리먼은 그 여자가 몇째로 태어났는지 바로 알았다. 그는 여자에게 "맏딸이시죠?"라고 물었다. 놀라는 여자에게 그 이유를 설명해 주자 여자는 딱 맞다고 했다. 이 책에서 말하는 첫째 아이의 기질은 다음과 같다.

- 완벽주의다.
- 투지가 강하다.
- 체계적이다.
- 학구적이다.
- 목록 작성에 열심이다.
- 논리적이다.
- 리더십이 강하다.
- 남을 잘 도와준다.
- 의욕적 · 적극적이다.

나는 이 리스트를 접하고 출생순서에 따라 영향을 받는 기질에 매우 놀랐다. 우리 큰아이가 가지고 있는 기질과 많이 유사하기 때문이었다. 큰아이는 늘 모범이 되려고 하는 경향이 있다. 사실 첫째 아이는 부모의 모든 도전에서 성공과 실패의 영향을 그대로 받을 수밖에 없는 존재다. 우리 아이는 어린이집과 도장에서 규칙대로 행동한다고 한다. 논리적이고 남을 잘 도와주고, 학구적이며 완벽하려고 노력한다. 한자시험을 볼 때 하나라도 틀리면 속상해하고, 옷을 입을 때도 자신이 추구하는 패션스타일에 딱 부합해야 한다.

이런 아이의 기질을 무시하면 어떻게 될까? 나는 아이와 옷 입는 것으로 많이 싸웠다. 예전에는 아이의 성향을 몰라서 주는 대로 입지 뭘 그렇게 따지나 싶은 생각이 들었는데, 지금은 본인이 원하는 옷을 직접 고르는 것으로 타협을 보고 있다.

다시 리먼의 이야기로 돌아가자. 그는 이번에는 여자에게 여동생이 있냐고 물었고, 여자는 있다고 답했다. 그는 "제가 동생분 성격을 말해 볼 테니 맞는지 알려주세요."라고 하면서 막내의 전형적인 성격에 대해 이야기했다. "인생이 파티고, 생활이 사교죠. 학교 성적은 그리 좋지 않았지만 친구들 사이에서 인기 많고, 야무지게 하는 일은 하나도 없지만 맏언니를 속 썩이는 데는 선수고, 낯가리는 법 없이 외향적이고, 넉살 하나는 끝내줍니다." 이 말을 들은 여자는 벌어진 입을 다물 줄 몰랐다고 한다.

나는 책을 읽으며 웃음이 났다. 리먼이 말한 막내의 특징이 내 여동생이나 둘째 아이에 대해 말하는 것만 같았기 때문이다. 둘째가 가지는 특성은 다음과 같다.

- 사교적이다.
- 활달하고 넉살이 좋다.
- 즉흥적이다.
- 단순하다.
- 유머감각이 있다.
- 대인관계 기술이 좋다.
- 파티를 좋아한다.

나는 이 특징이 우리 둘째 아이와 많은 부분이 부합함에 놀랐다. 출생 순서라는 것이 한 사람의 일생에 영향을 미치는 이유는 대체 뭘까? 부모가 첫째 아이와 둘째 아이를 대하는 것이 다르고, 아이들이 태어나 맞닥뜨리는 상황이나 환경, 그리고 부모의 기대가 다르기 때문이라는 결론을 내릴 수 있었다. 리먼은 막내라도 자신이 처한 상황에 따라 맏이의 성격을 띠기도 하기 때문에 출생 순서가 100% 맞는 것은 아니지만, 부모가 아이에게 어떠한 기대를 가지고 행동하느냐에 따라 성향이 달라진다고 말하고 있다.

물론 그의 의견이 무조건 맞는 것은 아니다. 사람이라는 존재를 어떻게 100% 확실히 구분하고 나눌 수 있겠는가? 다만 이러한 성향이 많으니 부모가 아이를 어떻게 대할지 고민해야 한다.

나는 그동안 큰아이에게는 기대하고 책임을 지우는 엄격한 엄마지만, 둘째 아이에게는 한없이 다정한 엄마, 허용적인 엄마가 아니었나 하는 반성을 하게 되었다. 그러면서 나도, 큰아이도, 둘째도 모두 다른 존재라는 것을 인정하기로 했다. 내가 무조건 아이들에게 맞춰 줄 수도 없고 아이도 엄마에게 맞추라고 할 수 없는 노릇이니 말이다.

나는 우선 나에 대해 종이에 쓰기 시작했다. 내가 무엇을 좋아하고, 어떨 때 화가 나며, 어떤 일을 할 때 즐거운지 등등을 썼다. 그리고 아이들의 경우는 어떤지도 썼다. 그러면서 아이들을 어떻게 대하면 좋을지 가닥을 잡게 되었다. 아이의 모습 그대로 존중해 주면 된다. 물론 가장 기본적인 것이 가장 어려운 것이다.

아이마다, 그리고 부모마다 기질과 자신의 부모에게 받은 영향이 다르다. 그러므로 사랑하는 내 아이를 위해 다른 부분을 발견하고 조율하면서 배우고 성장하는 과정이 부모와 아이 모두에게 반드시 필요한 일이라는 것을 잊지 말자.

부모의 관심과 사랑이
질문의 싹을 틔운다

• • •

문제아동이란 절대 없다. 있는 것은 문제 있는 부모뿐이다.

· 알렉산더 닐 ·

2010년 11월 12일, 미국의 오바마 대통령은 서울에서 열린 G20 수뇌회의가 끝난 뒤 기자회견을 열었다. 그리고 마지막 질문의 기회를 한국 기자에게 주고자 했다. 그런데 내로라하는 학벌의 한국 기자들은 아무도 선뜻 손을 들지 않았다. 오히려 중국 기자가 손을 들었고, 오바마는 한국 기자들에게 기회를 주기로 했으니 기다려 달라며 다시 한번 물어봤지만 여전히 한국 기자들은 손을 들지 않았다. 결국 마지막 질문의 기회는 중국 기자에게 넘어갔다.

나는 이 영상을 보면서 왜 한국 기자들은 질문하지 않았을까 생각해 봤다. 그러면서 우리가 받은 교육을 잠깐 되짚어 봤다. 대한민국에서 학창 시절을 보낸 사람이라면 점점 질문이 줄어드는 것을 경험했을 것이다. 우리는 기록적인 경제 성장을 하면서 "왜?"라는 질문을 하지 않았다. 시키면 해야 하고, 그래야 성공해 가난을 벗어날 수 있다고 믿었다. 또 실제로 그런 시절이었다.

좋은 대학을 나와 좋은 회사에 취직하는 게 정답인 인생을 보고 살아왔으니까. 그리고 가부장적인 사회 분위기 속에서 부모에게 질문하는 것은 마치 부모의 권위에 도전하는 것처럼 느껴지기도 했다. 군대 문화처럼 '상명하복'의 분위기 속에서 자라온 것은 아닌가 하는 생각이 든다.

한 가정에서 엄마의 역할은 너무 중요하다. 엄마인 당신이 세상에 얼마나 질문을 하고 있고, 자신에게 얼마나 질문하고 있는가를 짚어볼 필요가 있다. "왜 그랬어? 엄마가 그렇게 하지 말라고 그랬지?" 같은 부정적인 질문이 아니라 우리가 앞서 이야기한 긍정적이고 좋은 질문을 얼마나 하고 있는지에 대한 생각해 보아야 한다.

다행히 요즘은 질문을 권하는 사회적인 분위기가 있다. 우리 아이들이 살아갈 세상은 다채로운 질문들의 해답을 찾아가는 과정에서 성공의 기회를 발견할 수 있기 때문이다. 어찌 보면 우리 교육이 너무 늦게 변화하는 것은 아닌가 하는 생각이 들지만 지금부터라도 남과는 다른 질문을 할 수 있는 아이로 길러야 한다는 것은 예외가 없을 것이다.

아이들의 호기심이 왕성해지는 시기는 저마다 다르지만 만 3세를 전후로 시작된다. "엄마, 이건 왜 그래?", "이건 뭐야?" 같은 질문들이 쏟아져 나온다.

어느 날, 둘째 아이가 공룡을 보러 가자고 떼를 써 진땀을 뺐다. 아마 동물원에서 다른 동물들을 본 것처럼 공룡도 그곳에 있을 것이라고 생각한 모양이었다. 공룡은 이미 지구상에서 사라져 없다고 알려 주었더니 아이가 질문했다. "왜 그렇게 됐어? 어떻게?" 네 살짜리 아이가 이해할 수 있게끔 설명해 주는 일이 쉽지는 않았다. 그래도 짜증을 내지 않고 아이에게 되도록 쉽게 설명해 주기 위해 애썼다. 아이는 엄마가 자신의 질문을 주의 깊게 들어 주고 자세히 설명해 주니 금세 납득했다.

아이의 "왜?"가 시작되는 시점에서 엄마의 리액션이 중요하다. 아이가 "엄마, 무지개는 왜 생겨?"라고 물었을 때 두 엄마의 반응을 살펴보자.

"비 오고 나면 생기는 거야. 지난번에도 봤잖아."

"그거 정말 엄마도 궁금해지는 멋진 질문인데? 무지개가 왜 생기는 것 같아? 엄마 생각에는 하느님이 우리 아들을 너무 사랑해서 주신 선물인 것 같아. 내일은 더 좋은 일이 생길 거라는 신호를 주신 것 아닐까?"

두 가지 대답을 보고 어떤 느낌이 드는가? 어느 엄마에게 또 다시 질문하고 싶은가? 질문도 경험이다. 질문을 했을 때 엄마가 혹은 아이의 질문을 들었던 상대방이 얼마나 긍정적으로 아이가 이해할 만큼 반응해 주었는지에 따라 달라진다.

아이는 앞으로 살면서 무지개가 생기는 과학적 원리에 대해 알게 되겠지만, 무지개를 볼 때마다 엄마가 해 주었던 말처럼 좋은 일이 생길 것이라는 희망과 엄마의 사랑을 느끼게 되지 않을까?

아이에게 지식적인 부분만을 확장시켜 주기 위해서 질문을 잘하기를 바라면 안 된다. 아이가 스스로 인생을 살아가며 얼마나 풍요롭고 다양한 선택을 할 수 있는지 질문을 통해 알려 주기 위해 노력해야 한다.

아이가 질문의 싹을 틔웠을 때 부모가 해 줄 수 있는 가장 큰 일은 그 싹을 밟지 않는 것이다. 그 질문의 문을 닫아버리지 않는 것이다. 아이가 자신의 질문이 손중받지 못하고 무시당한다는 느낌을 받는다면 질문하지 못하는 아이로 자라게 될 것이다.

그래서 부모는 아이의 첫 질문을 기다리고 또 그 질문에 사랑으로 답해 주어야 한다. 만약 이미 첫 질문의 좋은 기억 만들기를 놓쳤다면 다시 아이의 질문을 기다리자. 그리고 돌아온 기회를 꽉 잡아 아이에게 질문은 즐거운 것임을 경험하게 해 주자. 그런 경험이 쌓이면 아이는 질문하는 것을 어렵게 여기지 않을 것이다.

EBS 〈다큐프라임〉을 보던 중이었다. 한 대학생에게 수업 중 질문을 하라는 미션을 주고 상황을 지켜보는 장면이 나왔다. 그런데 질문이 계속될수록 같이 수업을 듣는 학생들의 표정이 좋지 않았다. 질문은 모르는 것과 아는 것을 나누고 서로의 생각과 관점을 더 키울 수 있는 좋은 방법인데, 우리나라의 수업 자체가 교수의 지식을 얌전히 잘 전달받는 과정이다 보니 누군가가 질문을 계속 하면 오히려 손해를 본다는 생각이 드는 것 같았다.

안타깝기 그지없었다. 지식은 공유되고 전달될수록 생명력이 생긴다. 하나의 지식은 전달하는 사람의 경험을 통해 받아들이는 사람의 생각을 더 다채롭고 가치 있게 만든다. 일방적으로 가르침을 받기만 하는 상황 속에서 무엇을 배우고 발전시킬 수 있단 말인가.

질문은 아무것도 없는 백지 상태에서 저절로 탄생하는 것이 아니다. 질문은 내가 누군가의 감정과 상황과 생각을 읽고 보고 듣는 가운데 생기는 것이다. 호기심도 마찬가지다. 육아에 아무런 관심이 없는 사람에게 새로운 육아방법이라고 아무리 하브루타를 이야기해 주어도 전혀 관심을 가질 수 없을 것이다. 즉 당신이 애초에 아무런 관심도 지식도 없는 분야에서는 아무리 질문을 하고 싶어도 할 수 없다는 뜻이다. 그만큼 배경지식이 중요한 것이다. 배경지식을 키우는 데는 독서만한 것이 없다. 아이에게 책을 사 주는 것은 아이의 미래를 위해 투자하는 것과 마찬가지다.

아이가 말도 안 되는 사소한 것을 질문하더라도 부모는 그 질문에 성실하게 답해 주어야 한다. 부모의 관심과 진심어린 답변은 엄청난 효과를 가지고 있다. 아이가 질문을 했을 때 눈을 반짝이며 공감해 주고 격려해 주며 성실히 답변하자. 부모의 진심어린 관심과 답변만이 아이의 질문을 자라게 할 수 있다.

아이의 대답을 기다리면
아이의 생각이 자란다

아이에게는 비평보다는 몸소 실천해 보이는 모범이 필요하다.

· J. 주베르 ·

누군가 당신에게 기다림이 무엇이냐고 물어본다면 당신은 어떤 것을 먼저 떠올릴 것인가? 처음 사랑하는 사람을 만나게 된 날, 떨리는 가슴으로 약속장소에 조금 일찍 나가서 서성거리며 시계를 보던 그 순간을 떠올릴지도 모르겠다. 혹은 처음 임신을 해서 두려움과 걱정으로 아이가 건강하게 태어나기만을 바라던 그 두근거림을 기억할지도 모르겠다.

나는 남편과의 첫 만남, 그리고 아이들을 만나기 전의 기다림이 가장 생생하다. 그리고 어린 시절 학교에서 돌아왔을 때 엄마가 집에 안 계시면 허전해서 엄마를 오래 기다렸던 기억도 있다. 기다림은 그리움이기도 하고 설렘이기도 하고 인내이기도 하다.

그럼 아이의 대답을 기다린다는 것은 어떤 의미일까?

　나는 요리는 잘 못하지만, 밥을 할 때 뜸을 들이는 것이 얼마나 중요한지는 안다. 불 조절을 하며 뜸을 들이면 더 맛있는 밥이 되는 것이 참 신기하다. 사골국은 오래 끓이는 시간이 필요하다. 온갖 좋은 약재들과 재료가 서로 국물 속에서 우러나 진국으로 섞이는 그 시간 말이다.

　하브루타를 접하고 당장 해 봐야겠다 생각하고 의욕적으로 아이와의 질문을 시작했다고 가정해 보자. 아이의 대답이 어떨까? 엄마에게 만족스럽기만 할까? 그럴 수도 있고 그렇지 않을 수도 있다. 내 경우엔 그렇지 않았다. 나는 너무 의욕적이었고 아이는 그런 내가 부담스러웠던 것 같다. 그래서 깨달았다. 기다림이 필요하다는 것을.

　생각해 보니 남편과 큰아이는 질문에 대답하기 전에 생각을 하는 시간이 필요한 스타일이었다. 어느 날 딸아이에게 어떻게 생각하느냐고 질문을 건넨 일이 있다. 아이는 한 2분 정도 가만히 있었는데 나는 그 시간도 기다리지 못하고 계속 재촉했다. 그랬더니 아이가 "엄마, 나도 생각하는 중이에요." 하는 것이 아닌가. 의욕만 앞서던 나에게 쉼표를 던져준 것은 바로 아이였다. 남편도 가끔 너무 여러 가지를 질문하는 나에게 대답을 해 주기 위해 잠시 생각을 정리할 때가 있는데, 새삼 내가 성격이 급하구나 생각하게 되었다. 그래서 나에게 기다림이 갖는 의미는 남다르다. 아이의 대답을 기다리는 시간이란 나의 질문과 아이의 경험이 서로 충분히 섞이고 끓고 뜸을 들여야 하는 것과 같다고 생각하기 때문이다.

아이의 대답을 소중하고 귀한 마음으로 기다린다면 그 내용을 판단할 필요가 없다. 그저 대답을 한 것만으로도 기특할 테니 말이다. 바로바로 대답을 잘하고 기질적으로 빠른 아이도 있다. 내 아이가 그렇지 않다면 숨을 돌리고 아이의 말을 기다려 주자. 어른도 질문에 바로 대답하는 것은 어려울 수 있다. 대답이란, 상대방의 질문에 대한 자신의 경험과 지식을 정리해서 말로 표현하는 복합적인 활동이기 때문이다.

나는 딸아이와 함께 '곰돌이'라는 학습지로 홈스쿨링을 하고 있다. 사실 학습지로 실패한 적이 있어서 선택하는 데 고민이 많았다. 집에서 같이 홈스쿨을 하려면 너무 많은 분량은 도움이 되지 않는다고 결론을 내렸다. 차라리 분량이 적고 아이와 말을 더 많이 할 수 있는 것이 좋겠다는 생각이 있었다. 이 학습지를 선택하게 된 가장 큰 이유가 바로 '네 생각을 말해봐'라는 코너 때문이었다. 나는 아이가 말을 더 잘하고 발표도 더 잘하길 바랐는데 우리 아이는 그렇게 수다스러운 편이 아니어서 염려가 되었다. 아주 어렸을 때는 놀이터에서 자기 차례가 되어도 미끄럼틀을 타지 못했다. 다른 아이들이 치고 들어오면 먼저 타라고 자리를 비켜주기까지 했다.

그래서 나는 아이가 자기 의견을 말하는 것에 대한 걱정이 있었다. 처음엔 '네 생각을 말해봐'라는 코너에서 아이가 아무런 말도 하지 않았다. 그래서 아이에게 이렇게 말해 주었다.

"엄마 생각에는 말이야. 여기에서 이 동물들이 이쪽으로 갔을 것 같아. 배가 고팠던 게 아닐까? 아니면 굴속에 친구가 있어서 놀려고 들어갔을까?"

그렇게 내 생각을 먼저 말해 주고 아이가 답을 하지 않아도 재촉하지 않았다. 그냥 내 생각을 전해 주는 것을 목표로 삼았다. 그렇게 한두 달이 지나자 아이도 조금씩 나의 말을 모방해서 대답하기 시작했다.

"엄마, 나도 그런 것 같아."

"엄마, 나는 여행을 갈 거야. 여기 있는 애들이랑 같이 놀고 싶어."

큰아이는 점점 자신의 생각을 말할 줄 알게 되었다. 그러던 어느 날, 습관처럼 잔소리를 하던 내게 아이가 말했다.

"엄마, 엄마랑 나는 생각이 다를 수도 있잖아? 나는 그렇게 하기 싫어."

내가 이 말을 처음 들었을 때 속으로 얼마나 기뻤는지 모른다. 싫으면 싫다고 말하는 게 얼마나 중요한가. 자신의 생각을 제대로 표현하지도 못하던 아이가 어느새 자라고 있었다.

거울뉴런(mirror neuron)에 대해서 들어본 적이 있는가? 거울뉴런은 이탈리아의 신경심리학자인 리졸라티 교수에 의해서 발견되었다. 교수는 원숭이로 실험을 진행하던 중, 한 원숭이가 직접 움직이지 않고 다른 원숭이가 움직이는 것만을 보았을 뿐인데도 실제로 움직이는 것처럼 반응하는 뉴런을 발견했다. 이것을 잘 생각해 보면 단순히 모방에서 끝나는 것이 아니라는 것을 알 수 있다.

내가 직접 행동하는 것과 그렇지 않고서 보거나 듣기만 할 때도 같은 반응을 하는 뉴런이 있다는 말은, 우리가 책을 읽으면서 간접적으로 경험하는 것들에 대한 가치가 실제로 경험하는 것과 같을 수도 있다는 뜻이다.

거울뉴런은 뇌의 여러 곳에 분포하고 있다. 뇌의 여러 곳에서 관찰 혹은 다른 간접경험만으로도 마치 내가 그 일을 직접 하고 있는 것처럼 느낀다는 것이다. 아이들이 부모를 통해 얻는 지식과 관찰의 영향력이 얼마나 클지 생각해 보라. 만약 우리가 모든 지식을 직접 경험해야만 습득할 수 있다면 얼마나 오랜 세월이 걸리겠는가?

그러나 우리는 책과 사람들의 이야기를 통해서 실수를 바로잡기도 하고, 반성하기도 하면서 스스로 성장해 나갈 수 있다. 아이들도 마찬가지다. 아이의 대답을 기다려 주면서 어떻게 대답하는 것인지를 경험하게 해 주면 아이가 배우고 더 발전하게 된다. 그러니 충분히 기다릴 만한 가치가 있고, 모방할 만한 행동들을 보여 줄 이유가 있다.

우리는 경험으로 하나의 존재가 된다. 아이에게도 기다림을 통해 경험을 채워가는 시간이 필요하다. 엄마의 경험을 읽고 받아들일 시간이 필요하다. 아이의 대답에는 결국 아이가 살아온 인생과 그동안의 모든 경험이 녹아 있는 것이다.

서툴더라도 부모가 먼저 달라지려고 마음을 먹고 시도하면 아이도 그 변화를 받아들이고 생각을 키우며 자란다. 그러니 먼저 용기를 내서 시작하자. 그리고 아이를 기다려 주자. 아이는 지금 이 순간에도 책을 읽으며 우리의 모습을 바라보면서 끊임없이 생각을 키우고 있다는 것을 믿어야 한다.

엄마의 질문이 달라지면
아이의 질문도 달라진다

교육은 많은 책을 필요로 하고 지혜는 많은 시간을 필요로 한다.
· 레프 톨스토이 ·

엄마의 질문으로 인생이 달라진 사람이 있다. 바로《젊은 베르테르의 슬픔》,《파우스트》등의 명작을 남긴 요한 폰 볼프강 괴테다. 그의 어머니는 아주 특별한 방법으로 어린 그에게 동화를 읽어 주었다고 한다. 책을 읽다가 다음 내용이 궁금해질 부분에 이르면 괴테에게 "이다음은 네가 완성해 볼래?"라고 했다는 것이다. 그리고 여러 개의 결말을 완성하고는 어떤 것이 더 좋으냐고 묻는 괴테에게 "네가 마음이 가는 대로 정하렴. 작가란 하나님처럼 세상을 창조하는 사람이란다."라고 대답했다고 한다. 정말 현명한 대답이 아닌가. 괴테는 어머니의 독창적인 독서법이 자신을 작가로 만들었다고 자서전에서 회고했다.

또 다른 인물을 이야기해 보자. 누구나 아는 에디슨의 이야기다. 그의 초등학교 선생님은 에디슨이 불안하고 산만해 학습을 제대로 따라오기 어렵다고 판단했다. 딱 여기까지만 들어도 우리는 ADHD를 떠올리지 않을까? 센터에 다니거나 병원 치료를 받게 했을지도 모른다. 그러나 에디슨의 어머니는 아이를 학교에서 나오게 하고 집에서 스스로 가르치고 돌보았다. 에디슨의 어머니는 책을 읽어 주면서 글을 가르쳤고, 에디슨은 다른 아이들보다 일찍 글을 깨우쳤다. 어머니의 영향으로 자연스럽게 독서에 흥미가 생긴 에디슨은 스스로 과학책과 문학작품들을 찾아 읽기 시작하면서 위대한 발명가의 창의성을 쌓아갔다.

에디슨은 그 시절 대학의 강의에 대해서 "두뇌를 하나의 틀에 맞추어 가고 있다. 독창적인 사고를 길러내지 못한다."라고 비판했다. 만약 에디슨이 지금 한국에서 태어났다면, 또는 그런 어머니에게서 교육을 받지 못했다면 우리는 에디슨의 수많은 발명품들을 만나지 못했을 것이다.

1994년 단 78달러로 시작해서 10여 년 만에 2,000억 달러 규모로 성장한 패션기업이 있다. '라이프이즈굿'이라는 기업으로, 창업자는 버트 제이콥스다. 그가 자라온 환경은 좋지 못했다. 아버지는 사고로 인해 장애인이 되었고, 그러다 보니 감정 조절을 잘 하지 못해 아이들에게 폭력을 행사하는 일도 있었다. 그러나 그에게는 남다른 어머니가 있었다. 어머니는 아이들에게 저녁을 먹을 때마다 질문을 했다.

"오늘 가장 기분 좋았던 일은 뭐였니?"

환경을 뛰어 넘는 어머니의 현명한 질문으로 아이들은 긍정적인 생각을 하며 하루를 마무리 할 수 있었던 게 아닐까? 인생에 실패한 사람들 뒤에도 분명히 누군가가 있었을 것이다. 그 사람들이 어린 시절 받았던 어머니의 질문은 무엇이었을까? 그리고 우리는 우리의 아이들에게 어떤 질문을 해야 할까?

질문이 달라진다는 것은 관점이 달라진다는 것이다. 엄마의 관점이 달라지면 과연 질문은 어떻게 달라질까? 여기서 중요한 것은 바로 엄마의 관점이다. 관점이란, 사물이나 현상을 관찰할 때 그 사람이 보고 생각하는 태도나 방향을 말한다. 엄마의 관심이 어디로 향해 있느냐에 따라 아이가 달라진다. 엄마의 관점대로 아이에게 질문할 테니 말이다.

어린이집이나 학교에서 돌아오는 아이들에게 "오늘은 뭐 먹었니? 반찬 안 남겼니? 너무 많이 먹지는 않았니? 선생님 말씀 잘 들었어?"가 아니라. "오늘 하루 중에 무엇이 가장 즐거웠어? 뭐가 가장 행복했어? 재미있는 건 뭐였어?"라고 물어보면 어떨까? 엄마의 질문이 달라지면 아이는 행복과 즐거움에 대해서 생각하게 되고, 엄마와 이야기할 기회를 갖게 된다. 그리고 엄마도 아이가 어떤 것에 행복해하고 즐거워하는지 알게 된다.

그렇게 아이의 대답이 달라지고 아이의 인생이 달라지는 씨앗이 심어지게 된다. 그러나 아이에게 다른 질문을 했다고 해서 아이의 대답이 바로바로 달라지는 것은 아니다. 그러니 재촉하지 말고 느긋하게 기다려 주어야 한다.

엄마의 질문이 달라지면 아이의 질문도 달라진다. 그런데 어떻게 질문을 변화시킬 수 있을까? 관점을 바꾸는 일이 손바닥 뒤집듯이 쉽지는 않다. 아이가 엄마라는 좋은 멘토를 만나 성장할 수 있는 것처럼 엄마에게도 멘토가 필요하다. 010 6790 0330으로 연락하면 조언을 줄 수 있다. 나의 코칭을 받고 실천한다면 당신도 달라질 수 있다.

엉뚱한 질문이
아이의 미래를 바꾼다

독서는 단지 지식의 재료를 공급하는 것뿐이다.
그것을 자기의 것으로 만드는 것은 사색의 힘이다.

· 존 로크 ·

    당신은 엉뚱한 사람인가? 혹시 이 질문이 거북하게 느껴지진 않았는가? 우리는 무난한 성격의 사람이 좋은 사람이며 그렇게 살아야 한다고 교육받으며 자라온 세대다. 오죽하면 '튀어나온 못이 가장 먼저 맞는다'라는 말이 있을까.

    엉뚱하다는 것은 '상식적으로 생각하는 것과 전혀 다르다'라는 사전적인 의미를 가지고 있다. 이 말을 달리 생각해 보면, 새로운 생각 또는 의견이라는 말이 그리 어색하게 들리지 않을 것이다. 지금은 오히려 엉뚱해야 하는 시대가 아닌가? 개성이 없고, 특색이 없는 사람들이 어떻게 살아가야 할지가 더 걱정스러운 시대다. 우리가 지금 누리고 있는 SNS도 사실 누군가의 엉뚱한 질문이 아니었는가?

1886년 세계 최초로 가솔린 자동차를 발명한 칼 벤츠로 인해 말이 마차를 끌던 시기에서 자동차를 탈 수 있는 시대가 된 것은 전혀 평범하지 않다. 지금도 우리는 벤츠를 타고 다닌다. 심지어 벤츠는 단순히 차가 아니다. 그렇지 않은가? 이제 벤츠는 차가 아니라 하나의 가치를 대변한다.

마틴 쿠퍼는 1973년 세계 최초로 휴대전화를 발명했다. 당신은 오늘 하루 얼마나 많은 일을 휴대전화로 처리했는가? 손 안의 작은 휴대전화로 컴퓨터가 처리하는 일들을 대신할 수 있다는 사실은 우리가 당연하다고 누리는 이 기술과 예술의 가치를 새삼 돌아보게 만든다.

세상의 변화는 한 사람의 엉뚱한 질문과 그 질문에 답하기 위한 혁신으로 시작되었다. 엉뚱한 질문을 하는 사람들을 괴짜, 몽상가, 창조사라고도 생각할 수 있을 것이다.

그럼 우리 아이는 무난하게 커야 할까, 엉뚱한 질문을 할 수 있는 아이로 커야 할까? 세상과 인류를 향해 관심을 가지고 호기심을 품은 엉뚱한 질문을 할 수 있는 아이로 자라나야 하지 않을까? 괴짜처럼 말이다.

그럼 어떻게 해야 우리 아이를 엉뚱하고 창의적으로 키울 수 있을까? 아이가 살아갈 세상이 어떨지에 대해 생각해 보자. 열정과 호기심, 그리고 융통성과 엉뚱함이 가득한 세상일 것이다. 그런데 우리는 어떤가? 우리는 그런 세상을 경험해 본 적이 없다. 경험하지 못한 것에 대해 어떠한 조언을 해 줄 수 있을까? 경험해 보지 못했기 때문에 말해 줄 것이 없다. 우리는 아이가 5년, 10년 후에 절실히 필요할 어떤 지식도 전달해 줄 수 없다. 가 보지 않은 장소에 대한 지식을 어떻게 전달해 줄 수 있을 것인가?

우리는 미래를 접하지 못한 채 미래를 살아갈 아이를 기르고 있다. 예전의 성공법칙은 더 이상 우리 아이에게 행복도, 성공도 가져다주지 못한다. 다만, 적어도 노력하는 부모라면 시대의 흐름을 읽어낼 수 있는 지혜를 전달할 수 있을 것이다.

이것이 내가 생각하는 가장 바람직한 부모의 모습이다. 아이에게 지식이 아닌 지혜를 전달하는 멘토 같은 부모 말이다. 멘토는 롤 모델이 되어야 하고, 적어도 멘티보다는 어떠한 부분에 대해서 많은 경험을 가지고 있어야 한다. 우리 아이가 엉뚱한 질문을 할 수 있도록 하려면 너무나 빨리 변해가는 이 시대를 바라보는 관점의 지혜를 전달해야 한다. 우리도 한번 엉뚱해져 보면 어떨까? 스마트폰으로 가치를 만들고 공유하는 시대에서 더 이상 어떤 것이 엉뚱할까?

우리 주변의 긍정적인 엉뚱함을 찾아보자. 인공지능과 함께 살고 빅데이터 기반으로 이루어지는 사회의 네트워크 속에서 당신은 어떤 일을 하고 싶은가? 엉뚱함은 사실 하고 싶은 일에 초점을 맞출 때 더 잘 떠오른다. 어떻게 해야 내가 하고 싶은 것을 할 수 있을까? 나는 요리를 잘 못하는데, 냉장고 속의 재료로 할 수 있는 요리가 냉장고에 나오면 좋겠다. 이미 어느 정도는 이루어지고 있는 일이다. 그렇다면 부족한 재료는 드론으로 바로 배달을 받으면 좋겠다. 재료 하나 사러 마트에 가고 싶지는 않으니 말이다.

또 어떤 엉뚱함이 있을까? 예전에는 주문은 사람에게만 해야 한다고 생각했는데 지금은 자연스럽게 키오스크에서 주문하지 않는가? 지금 우리가 가진 지식은 수백 년 전만 하더라도 말도 안 되는 엉뚱함으로 여겨졌을 것이다. 그 엉뚱함을 이룰 수 있게 하는 것은 창의적인 융합이라는 것을 우리는 이제 알고 있다.

내 남편은 신기술에 관심이 많다. 컴퓨터로 프로그램을 다루는 일을 하다 보니 새로운 것에 대한 관심이 높을 수밖에 없다. 남편이 어느 날 3D프린터에 관한 이야기를 해 주었다. 처음 들었을 때 나는 그저 '별나라 소리인가? 그런 것이 왜 필요하지?'라고 생각했다. 그러나 남편이 3D프린터를 어디에 쓸 수 있는지에 대해 이야기해 주었을 때는 정말 기발하다고 생각했다. 환자별 맞춤 장기를 만들 수도 있고, 집이나 차를 만들어 낼 수도 있다. 예술품을 만든다면 훨씬 저렴한 비용으로 고부가가치를 만들 수 있게 된다. 이제 상상만 하면 그 이상을 만들어 내는 세상이 온 것이다.

3D프린터는 의학, 과학, 건축, 예술 거의 전 분야에 걸쳐 새로운 패러다임을 만들어 내고 있다. 당신이라면 3D프린터로 무엇을 만들지 상상해 보자. 무척 엉뚱한 질문과 결과를 만들어 낼 수 있을 것이다. 여기서 짚어 보자면 3D프린터라는 새롭고 창의적인 도구에 의해 생각을 발전시킬 수 있다는 것이다. 그럼 우리 아이들에게는 어떤 도구가 엉뚱한 질문을 하는 데 도움이 될까?

기술사회 과학자인 제이넵 투펙치는 우리에게 필요한 것은 기술을 거부하거나 비난하는 것이 아니라고 했다. 인간과 기계의 대립이 아니라 인간과 인간 사이에 문제가 존재한다고 했다. 우리가 어떻게 또 다른 가치를 만들어 낼 수 있을지가 문제라는 것이다.

많은 부모들이 유튜브 영상에 대해 부정적이다. 그래서 아예 노출시키지 않는 사람들도 있다. 나는 아주 어릴 때라면 몰라도 어느 정도 영상을 받아들일 정도의 나이가 되면 오히려 신기술을 접하고 활용하는 능력을 길러 주는 데 도움이 될 것이라 생각한다. 아이들이 유튜브를 보는 것을 무작정 막기보다 영상을 보다가도 다른 할 일이 생기면 바로 끌 수 있는 습관을 길러 줘야 한다. 기계에 지배당하는 것이 아니라 기계를 활용해서 가치를 만들어 낼 수 있느냐가 중요한 것이다.

우리 아이들은 엉뚱한 미래에서 살아가기 위해 다른 생각을 해야 한다. 아이가 엉뚱한 질문을 할 수 있도록 주위에 다양한 시대와 사람의 경험과 생각이 가득 찬 책과 자료를 놓아 주자. 그리고 아이와 함께 부모도 엉뚱한 질문을 해 보자. 아이의 질문을 존중해 주자. "뭐 그런 말 같지도 않은 소리를 하니?" 같은 말로 아이의 가능성을 꺾어버리면 안 된다. 그 말 같지도 않은 소리가 상상도 못할 미래를 만들어 낼 것이다.

질문도 타이밍이 있다

어리석은 질문이란 없다. 질문하기를 멈추지 않는 한
어떤 사람도 바보가 되지 않는다.

· C. 슈타인메츠 ·

인생은 타이밍이다. 이 말에 동의하는가? 당신에게도 결정적
인 타이밍이 있었을 것이다. 특히 배우자를 만나 결혼하게 된 결
정적인 순간 말이다. 그것이 우연이었든 필연이었든 그것은 꽤 적
절한 타이밍이 아니었는가? 타이밍이라는 것은 '뭔가 하기에 적
절한 때'라는 말로도 설명할 수 있다.

아이를 기르면서 발달의 적기라는 말을 많이 듣는다. 시기별로
아이에게 무엇을 해 주어야 하는지에 대한 연구 자료들도 많다.
그런데 이 발달 적기는 사실 아이마다 천편일률적으로 적용되기
에는 무리가 있다. 평균적으로 이런 결과가 있다는 참고자료가 있
을 뿐이다. 따라서 우리 아이가 어떤 발달 단계에 있는가를 관찰

하는 부모의 노력이 필요하다. 그냥 바라보는 것과 관찰하는 것은 매우 다르다. 관찰이란 적극적인 의사를 가지고 아이의 행동과 모습을 바라보면서 아이의 생각을 마주하는 것이다.

둘째 아이는 지금은 못하는 소리가 없을 정도로 많은 말을 하지만 언어 발달이 지연되어 정밀검사를 요한다는 결과를 받은 적이 있다. 그전에는 아이가 말을 하지 않는 것이 걱정은 되었지만 내가 뭔가를 해야겠다는 생각은 하지 못하고 때가 되면 다 할 것이라는 말로 위안을 삼기만 했다. 그런데 34개월이 지나도록 "엄마, 밥 주세요."도 못하는 아이의 모습과 정밀검사를 받으라는 말에 찬물이 끼얹어진 기분이었다. 그리고 첫째를 키울 때는 어땠는지 오래된 필름처럼 떠올랐다.

아이가 마주하는 모든 것의 이름을 알려 주며 끊임없이 떠들고 노래를 불러 주었다. 이유식을 먹일 때도 그냥 먹이는 것이 아니라 어떤 재료들을 어떻게 다듬어 끓이고 식혔는지 과정을 자세하게 설명하며 먹였다. 남들이 보면 이상하다 싶을 정도로 길거리에서도 버스 안에서도 아이에게 계속해서 말을 걸어 주고 이야기를 했었는데 둘째에게는 그렇게 해 주지 못했다는 것을 깨달았다.

놓쳐버린 타이밍을 되찾을 수는 없다. 그래서 나는 아이와의 시간을 늘리면서 아이가 말을 익히는 데 집중했다. 그렇게 6개월이 지나자 아이는 눈에 띄게 말이 늘었고, 8개월에서 1년이 되자

이제는 수다스럽기까지 했다. 아이들에게 발달의 적기가 있다는 것, 그리고 그 시절 반드시 알거나 이루어야 하는 과업이 있다는 것을 나는 느낄 수 있었다. 예를 들어 아이가 어린 시절 건강한 실패를 해 보지 않으면, 나중에 더 자라서 겪는 실패는 감당하기 어렵게 된다. 그래서 부모는 아이의 발달과업에 대해 어느 정도 인지하고 있어야 한다. 젓가락을 사용할 수 있게 도와주어야 하고, 가위질을 할 수 있게 도와주어야 하는, 부모로서 아이를 제대로 이끌어 주어야 하는 책임이 있는 것이다.

아이가 질문하고 싶을 때는 언제일까? 당신의 아이가 하루 동안 질문을 얼마나 하는지 생각하고 써 보자. 그리고 아이에게 어떻게 답을 해 주었는지 기억해 보자. 생각보다 아이가 질문을 많이 한다고 느낄 수도 있고, 그 반대일 수도 있다. 아이가 질문을 한다는 것은 이야기하고 싶다는 뜻이다. 그런데 엄마가 이야기하고 싶지 않다고 해서 아이의 질문을 무시하면 어떻게 될까? 아이의 질문이 늘어날까, 줄어들까?

큰아이가 여섯 살 때였다.

"엄마, 이거 좀 해 주세요."

"응, 잠깐만. 엄마 이것 좀 하고."

"엄마, 엄마는 왜 늘 잠깐만이라고 해요?"

나는 이 대화 이후로 내 할 일을 하고 있다가도 아이가 해 달라는 것을 먼저 해 주기 시작했다. 아이가 원하는 일은 막상 10분도 걸리지 않는 간단한 것들이다. 그러니 아이보다는 내가 하고 있던 일에 '잠깐만' 기다리라 하고 아이를 바라보자. 그리고 아이의 말을 들어 주자. 아이가 원하는 타이밍은 바로 그 순간이니 말이다.

　아이는 부모의 얼굴, 표정, 말투를 살피며 눈치를 본다. 부모도 그래야 하지 않을까? 아이의 마음이 어떤지, 아이의 표정이 어떤지 살피고 아이의 말을 들어 주어야 할 때인지, 질문할 때인지 판단해야 한다. 그 타이밍을 누구에게 물어볼 것인가? 내 아이를 매일 보고 부딪히는 부모의 판단이 제일 정확하지 않을까? 단, 관심 있게 아이를 관찰하고 보고 있을 때만 말이다. 관심이 없는 부모는 아이의 타이밍을 알 수 없다. 느낄 수도 없다. 자신이 아이를 어떻게 바라보고 있는지 다시 한번 생각해 보자. 아이를 얼마나 관심 있게 바라보느냐에 따라 아이가 부모를 필요로 하는 타이밍을 짚어 낼 수 있다.
　나도 한때 내 아이의 언어발달 타이밍을 놓친 경험이 있다. 같이 있으면서도 아이에게 민감하지 못했던 것이다. 그리고 그 시기에 대한 정보에 무지했다. 첫째 아이를 키워 보았음에도 불구하고 무지했다. 그래서 나는 더 이상 아이의 시간을 놓치고 싶지 않다. 열차시간에 맞추려고 숨이 턱에 차듯이 뛰어갔는데도 열차를 놓치면 얼마나 속상한가? 그리고 다음 열차를 기다리는 그 시간이 얼마나 길고 힘이 드는가? 지금 이 순간도 아이는 자라고 있다. 아이가 부모를 필요로 하는 타이밍도 언제 사라질지 모른다. 지금 이 순간을 놓치지 말자.

당신에게 아이는 얼마나 중요한 존재인가? 이 책을 읽고 있는 부모라면 적어도 자녀교육에 관심이 있고 자녀에게 더 잘해 주고 싶은 부모임에 틀림이 없다. 그렇게 중요한 자녀의 인생에서 타이밍을 놓치지 말아야 하지 않을까? 부모의 질문으로 달라지는 아이의 인생을 생각해 보라. 아이의 눈을 바라보고, 표정을 유심히 관찰하자. 어느 때가 아이에게 질문할 때이고 어느 때가 들어줄 때인지, 내 아이에 대해 제일 잘 아는 사람은 바로 부모다. 다른 누구도 아닌 부모만이 할 수 있는 질문의 적절한 타이밍을 스스로 믿어야 한다.

질문하는 아이
VS
듣고 외우기만 하는 아이

질문할 수 있는 환경을 먼저 만들어라

교육은 유산이 아니라 취득이다.

· 《탈무드》 중에서 ·

어떤 아이가 호기심이 많을까? 정서적으로 안정된 환경의 아이일까, 불안정한 아이일까? 특별한 경우를 제외하고는 정서적으로 안정된 환경에서 자란 아이들이 더 호기심이 많다. 아이들은 환경에 적응하고 편안하다고 느낄 때 활동 범위를 넓히며 주변을 탐색한다. 그렇게 새로운 것을 접하며 자연스럽게 익히게 된다. 반면 극도로 긴장되는 상황이라면, 예를 들어 엄마와 아빠가 싸우는 상황이라면 새로운 것에 대한 호기심이 생길까? 아마 울거나 슬퍼하거나 구석에 웅크린 상태로 그 순간이 어서 지나가길 바라고 있을지도 모른다.

아이에게 있어 질문할 수 있는 환경이란 자신이 정서적으로 편안한 환경이다. 아이들은 아주 민감하게 엄마와 아빠의 분위기를 알아차린다. 아이의 정서적인 편안함은 부모만이 만들어 줄 수 있다. 부모가 화가 나면 아이도 화가 나고 무섭고, 웃어 주면 아이도 편안해진다.

남편이 어느 날 나에게 왜 딸아이랑 싸우냐고 했다. 나는 싸운 게 아니라 아이를 혼낸 거라고 했는데, 지금 생각해 보면 싸웠다는 게 맞는 표현인 것 같다. 아이를 보듬어 주어야 할 순간에 내 감정을 일방적으로 아이에게 전달했다. 그러니 아이도 그 감정을 그대로 나에게 되돌려 준 것이다. 하브루타를 알게 되고 나서 또 그와 같은 상황이 생겼을 때, 나는 아이에게 구체적으로 물어보았다.

"어떤 부분 때문에 화가 나고 속상한지 엄마에게 말해 줄래? 아무 말도 안 하고 있으면 엄마는 알 수가 없어."

"엄마가 내 마음을 모르고 자꾸 화내고 나를 미워하는 것 같아."

"별아, 엄마는 별이 마음을 다 알 수가 없어. 말을 안 해 주면 엄마의 어느 말에 속상했는지 어떤 행동 때문에 이렇게 슬픈지 엄마는 알 수가 없어. 엄마한테 말해 줄래?"

"아까 엄마가⋯."

그렇게 시작된 딸아이의 말을 화를 내지 않고 들어 주는 것은 나로서도 쉬운 일이 아니었다. 예전에는 그 고비를 참지 못하고 화를 냈었다. 엄마도 화났다고 말하며 아이에게 내 감정을 그대로 전달했었다. 그런데 이제 나를 돌아보고 나니 아이가 나와 같은 표정으로 화를 내고 있는 모습을 볼 수 있었다. 그리고 얼마나 상처받고 있었는지 말이다. 아이는 화를 내는 것이 아니라 엄마에게 사랑을 받고 싶고 이해받고 싶고 안아 달라고 말하고 싶었을 뿐이었다. 왜 그것을 몰랐을까? 지금은 엄마인 내가 달라졌기 때문에 아이에게서 다른 모습을 볼 수 있게 되었다. 그러자 내 마음에 이런 소리가 들려왔다.

'아이도 상처받아서 저렇게 울음으로 표현하고 있는 게 보이지 않아?'

이제라도 내가 아이의 감정을 그대로 볼 수 있음에 감사한다. 적어도 이제 더 많이 보일 것이다. 나의 시선이 달라지고 있으니 말이다. 예전에 나는 내 아픔을 먼저 생각했다. 나밖에 모르는 아이에게 엄마도 아프다며 아이의 감정보다 내 감정을 우선했던 것이다.

정서적으로 편안해야 다른 일을 할 에너지가 생긴다. 공부도 책도 호기심도, 정서적 안정이 이뤄지고 난 다음에 할 수 있는 일이다. 그리고 그 정서적 안정은 부모가 가장 잘 만들어 줄 수 있다.

사람은 환경에 영향을 받는다. 특히 어린아이라면 환경의 영향을 무시하기 어렵다. 책이 한 권뿐인 아이와 책이 1,000권인 아이의 배경지식이 같을 수 있을까? 어떤 분야에서 지식은 양적으로 늘어났다가 질적으로 깊어지기도 한다. 그래서 아이에게는 직접 경험하지 못하는 다양한 영역에서의 책이 도움이 된다.

내 아이만을 위한 작은 도서관이 우리 집에 있다면 어떨까? 아마 아이는 궁금한 게 생기면 자신만을 위한 도서관에서 찾아볼 것이다. 아이의 호기심이 생각이 되는 과정을 책으로 지원해 줄 수 있는 것이다.

우리 아들은 원래 책을 무척 안 좋아했다. 그도 그럴 것이 내가 책을 읽어 준 적이 별로 없었다. 그랬더니 말도 느리고 책도 좋아하지 않았다. 그리고 나도 그 시절에는 책을 좋아하게 해야 한다는 생각을 못해서 책으로 놀아 주지도 않았다. 우리 아이에게 책은 친근한 존재가 아니었다.

하지만 생각을 바꾸고 아이가 책을 친근하게 여기도록 노력했다. 나는 아이가 책을 구기고 찢고 쓰러트리고 밟아도 잘했다고 칭찬해 주었다. 표지만 봐도 본 짓이라는 생각으로 아이에게 자꾸 책을 보여 주었다. 그랬더니 아이가 책으로 집을 짓고 징검다리처럼 밟고 다니고 도미노 놀이도 하면서 책에 관심을 가지기 시작했다. 우리 아이가 좋아하는 책은 《생쥐 리키와 초강력 로봇》이라는 시리즈인데 네 살짜리 남자아이가 이해할 수 있을까 걱정할 만큼 꽤 글밥이 있는 책이었다. 하지만 읽어 주는 것을 끝까지 다 듣고 또 읽어 달라고 할 정도다.

"엄마, 또 읽어주세요. 또."

이 말이 얼마나 기뻤는지는 하느님만이 아실 것이다. 그림책 표지도 들춰 보지 않던 아들이 책을 읽어 달라고 하자 나는 너무 감사했다. 그리고 다시 느낄 수 있었다. 엄마라는 환경이 가지는 힘을 말이다. 부모는 살아 움직이는 아이의 환경이자 아이가 가질 수 있는 모든 것이라는 생각이 들었다. '부모는 아이가 가진 모든 것'이라는 말이 참 무섭지만 정확하다.

아이가 같은 책만 또 읽어 달라고 해도 계속 읽어 주는 것이 좋다. 읽을수록 아이는 같은 책에서 다른 것들을 발견한다. 처음에는 그림에 있는 미끄럼틀만 이야기하던 아이가 나중에는 그 옆에 있는 작은 쥐에 대해 이야기한다. 그렇게 점점 세심한 부분을 보게 된다. 가끔 그림을 보면서 아이에게 이것저것 물어보기도 하는데, 그럼 똑같은 그림에서 다른 이야기를 하기도 하고 제법 많이 본 그림책은 다음 내용을 아주 능숙하게 이끌기도 한다.

"얘들이 이다음에 다 같이 타고 갈 거야."

"아, 그래? 다 같이 타고 가? 왜 다 같이 간대?"

"엄마는 그것도 몰라? 친구니까 같이 가지."

이렇게 책에 있지도 않은 이야기를 상상하고 만들어서 해 주기도 한다. 그럴 때면 정말 기쁘다. 우리 아이가 제대로 방향을 잡고 가고 있구나 하는 마음에 미소가 절로 난다. 그림책에서 아이가 보는 것과 부모가 보는 것은 다르다. 눈높이도 다르고 경험한 상황도 다르니 눈에 들어오는 것 자체가 다르다. 그래서 아이들에게 물어보고 대답을 듣는 것이 어떨 때는 참 신기하다. 엄마인 내 눈에는 전혀 들어오지 않는 것들이 어쩜 우리 아이들에게는 쏙 들어오는 것일까? 그렇게 그림책으로 물어보고 아이의 질문을 듣다 보면 어느새 우리는 서로에게 질문을 하고 있다. 키득거리며 말이다.

어른도 질문을 하려면 분위기의 영향을 받는다. 너무 쉬운 질문은 아닌가, 틀린 내용이면 어떡하지 등 걱정하기도 한다. 그러니 아이들은 어떻겠는가. 아이에게 어떤 말을 해도, 무엇을 질문해도 괜찮다는 분위기를 만들어 주어야 한다. 부모가 일관되고 정서적으로 안정된 모습을 보여 주어야 아이가 질문하게 되는 것이다. 질문하는 아이를 만들고 싶다면 질문할 수 있는 환경을 먼저 만들어 주자.

아이의 가장 좋은 하브루타 짝은 엄마다

- - - -

교육은 어머니의 무릎에서 시작되고,
유년기에 들은 모든 언어가 성격을 형성한다.

· 아이작 배로 ·

엄마는 선생님일까, 아닐까? 대부분 엄마와 선생님은 다르다
고 생각한다. 나도 그랬다. 내가 못해 주는 것을 선생님은 해 줄 수
있을 거라는 기대를 가졌었다. 그러나 아이에게 학습지를 1년 가
까이 시키면서 생각이 완전히 바뀌었다.

중국의 자녀교육 전문가 인젠리는 저서《엄마가 좋은 선생님
을 이긴다》를 통해 엄마의 중요성에 대해 강조하고 있다. 엄마는
아이가 성장해 나가는 과정과 아이가 접하는 환경을 정의하고 아
이의 성향을 만들어 낼 수 있는 존재로, 이 모든 과정의 가장 중심
에 존재하며 아이의 모든 인생과 발달하는 인성에 가장 큰 영향을
준다고 말이다.

나는 첫째를 키웠지만 둘째는 또 달랐다. 딸을 키우다가 아들을 키우는 것도 달랐다. 육아는 전혀 연습이 되지 않았다. 그래서 육아에 대해 자신감이 없었을 때도 있었지만, 결국 아이에게 가장 중요한 것은 엄마인 나라는 것을 이제는 잘 안다.

당신에게는 단짝 친구가 있는가? 나에게는 단짝이라고 부를 만한 친구가 거의 없다. 나이가 들면서 각자 생활이 있으니 지역적으로도 멀어지게 되고 아이들의 나이도 다르니 자연스럽게 공유하는 감정이 다를 수밖에 없었다. 그럼 당신의 아이에게는 단짝 친구가 있는가? 단짝 친구가 되려면 우선 같이 보내는 시간이 많아야 한다. 아이에게 엄마보다 더 많은 시간을 함께 보내는 존재가 있을까?

같이 노는 상대도 이야기하는 상대도 결국 엄마다. 멘토는 만난 수 없는 사람이 아니라, 같이 만나서 이야기하고 소통할 수 있는 사람이어야 한다. 그래야 배울 수 있고 모방할 수 있으니까. 그렇다면 아이의 가장 좋은 멘토는 엄마가 아닐까? 가장 좋은 짝도 엄마가 아닐까? 하브루타를 하려면 짝이 필요한데, 엄마보다 더 좋은 짝이 있을까 싶다. 물론 좋은 친구를 만나서 하브루타를 할 수도 있겠지만 아직 어린 아이들끼리는 조금 어려울 수도 있다. 그러니 물어보고 바로 생각을 나눌 수 있는 엄마는 최고의 하브루타 짝이다.

나는 가끔 딸아이와 함께 커피숍에 간다. 우리는 그곳에서 많은 이야기를 나눈다. 딸은 친구 같다더니 살짝 그런 느낌도 난다. 그렇게 자라고 있는 딸이 참 고맙다. 그럴 때마다 나도 딸아이에게 그런 존재가 되어 주어야겠다고 느끼게 된다. 어느 날 딸아이가 친구에 대해 이야기해 준 적이 있다.

"엄마, 어린이집에서 친구들이 나랑 안 놀아 줘요."

"그랬어? 친구들이 안 놀아 줘서 우리 별이 속상했겠네."

"응, 속상했어요. 나는 미술 영역에서 놀고 싶은데 다른 애들이 같이 안 해 줬어요."

"아, 그랬구나. 그래서 혼자 했어?"

"응. 혼자 했어요."

"혼자서도 재미있었어?"

"응. 뭐, 괜찮았어요."

"혼자서도 하고 싶은 걸 해냈구나! 멋지다, 우리 딸. 엄마한테 미술 영역에서 만든 거 보여줄래? 엄마가 궁금하네."

처음부터 아이가 혼자 하는 게 괜찮았다고 말하지는 않았다. 어느 날은 아주 많이 속상해하기도 했고, 어느 날은 다른 친구 흉을 보면서 화가 난다고도 했다. 그럴 때마다 아이의 말을 되짚어 주면서 "아, 그랬구나." 하고 아이의 말에 공감해 주었다. 슬프다고 하면 "슬펐겠구나." 하고 안아 주고, 화가 났다고 하면 "아, 화가 났었겠다." 하고 감정을 읽어 주고 안아 주었다.

그렇게 몇 번의 감정 기복 끝에 '혼자서도 괜찮았다'는 말을 들을 수 있었다. 또 어느 날은 괜찮지 않았을 수도 있겠지만 말이다. 이런 일련의 경험들은 내게 아이가 스스로 해 나갈 수 있다는 믿음을 주었다. '어떻게 해라'가 아니라 그저 아이의 감정을 충분히 공감해 주고 안아 주면 아이 스스로 이렇게도 해 보고 저렇게도 해 보면서 나름의 방향을 찾아간다.

아이들은 그 질문의 끝이 어디인지도 모를 만큼 집요하게 묻기도 한다. 꼬리에 꼬리를 무는 '왜?'를 들어 주자면 난감하기 그지없는 경우도 많다. 아마 요즘 엄마들이 100년 전 엄마들보다 살기 더 힘들 것이다. 그 시절에는 그저 하루를 먹고사는 것에만 급급했는데, 지금은 그보다 훨씬 많은 것들을 아이에게 해 주어야 하니 말이다.

육아를 하다 보면 짜증과 화가 나는 경우가 있었을 것이다. 그러면서 왜 엄마라는 역할은 이렇게 할 것도 많고 알아야 할 것도 많은지 원망스러웠을 수도 있다. 아이에게 노력을 들이는 일이 쉽지 않아서 때로는 지치기도 하고 속이 상하기도 하고 많이 아프기도 했을 것이다. 하지만 아이가 잘되기를 바라는 마음에 그 모든 것이 당연한 것이라 생각했을 것이다. 아이에게 투자하는 시간, 감정, 노력들이 귀찮고 힘이 들면서도 아이가 잘 자랐으면 하는 마음에 참고 견디는 것은 모든 부모가 마찬가지다. 성공하기 위해서는 스스로 방향을 잡고 걸어가야 한다. 아이를 기르는 일도 같다. 방향을 잡고 당신의 손으로 발로 눈으로 마음으로 제대로 걸어가야만 아이에게 공을 제대로 들이는 것이다.

나는 20대에 웹 디자이너로 일했다. 그때 알게 된 프로그래머가 어느 날 내게 물었다.

"대리님은 꿈이 뭐예요?"

"아, 저는 디자인 유학을 가고 싶은데. 아마 못 갈 것 같아요."

"네. 못 가시겠네요."

이 대화에서 느껴지는 게 있는가? 나는 당시에는 왜 그렇게 말하는지 이유를 모르고 섭섭하게 생각했다. 그런데 나중에 그분이 "하고 싶은 일을 말하면서도 못 간다고 스스로 단정하니 당연히 못 가는 것 아니겠냐"고 말씀하셨다. 그때는 도대체 무슨 말인가 싶었다. 그래서 평범하게 회사만 다니고 있던 나와 달리, 그분은 하고 싶은 것이 있다며 회사를 그만두고 캐나다로 떠났다.

그 모습을 보면서 저분은 특별한 사람이라 그런 것이라 생각했다. 데이트레이딩(day trading)을 하기 위해 2년 동안 200권의 책을 읽었다는 말을 들었을 때도 평범한 사람은 아니구나 생각했었다. 그런데 20년의 시간이 더 흐르고 내 생각이 깊어지니 그 말의 의미를 깨닫게 되었다.

내 아이가 잘 자라기를 바란다면? 내 아이의 성공을 바란다면?

결국 2년 동안 200권의 책을 읽었던 저 프로그래머처럼 나도 아이에 대해 매일 꾸준히 투자해야 한다는 것을 알게 되었다. 내 직업은 엄마다. 엄마인 나는 아이가 잘 자라길 바라고 결국 성공하길 바라며 행복하길 바란다. 그렇다면 아이의 환경을 바꾸어 주거나 엄마 스스로 달라지려고 노력해야 한다. 아무런 노력을 들이지 않고 아이가 달라지길 바라는 것은 은행에 저축하지 않으면서 10년 후 통장에 1억 원이 생기기를 바라는 마음과 다르지 않다.

매일 보고 함께 많은 시간을 보내며 생각과 느낌을 공유하는 상대를 우리는 짝꿍이라고 한다. 학교에서 만나는 짝은 아이와 비슷한 수준이기 때문에 아이의 생각에 자극을 주는 이슈나 관점을 제시하기 어렵다. 고든 뉴펠드와 가보 마테는 저서 《아이의 손을 놓지 마라》에서 아이들끼리의 또래 문화에 대해 "장님이 장님을 인도하는 것과 같다."라고 표현했다. 또래가 또래를 이끄는 것은 그다지 도움이 되지 않는다는 것이다. 그래서 부모가 아이의 짝이 되어야 한다. 다른 한쪽보다 현명한 지혜를 더 많이 알려 줄 수 있는 존재라면 아이에게 더할 나위 없이 좋은 하브루타 짝이다. 아이가 만날 수 있는 가장 좋은 하브루타 짝은 엄마임을 잊지 말자.

배경지식이 질문하는 아이를 만든다

교육은 원래 가정에서 해야 한다.
부모님같이 자연스럽고 적합한 교육자는 없을 것이다.

· 조지 허버트 ·

배경지식이란 무엇일까? 나는 요리에 대한 배경지식이 전혀 없다. 안타깝지만 관심도 없다. 관심이 없으니 자연스럽게 요리에 관한 정보는 잘 귀담아 듣지도 않을뿐더러 요리 프로그램도 보지 않는다. 보고 들은 게 없으니 점점 더 요리는 달나라 이야기일 뿐이다. 내가 늘 의아스럽게 생각하는 요리 용어 중 '한소끔'이라는 말이 있다. 짧게 끓고 마는 건지, 끓어오르고 나서도 몇 분이나 더 끓여야 하는 건지 도대체 알 수가 없다. 요리를 전혀 모르고 못하는 내게 요리 용어들은 외국어나 다름없다. 한글인데도 알아들을 수 없으니 그 또한 신기하다. 요리를 좋아하고 잘하는 사람들은 오히려 내가 이해되지 않을 수도 있겠다. 왜 저렇게 당연한 걸 모르나 하고 말이다. 그런데 이게 바로 배경지식의 차이다. 관심이 있고 없고의 차이다.

예를 들어 나는 3D프린터에 관심이 있다. 직접 만들어 보지는 못했지만 이 기술이 만들어낼 세상에 대해 관심이 많다. 그러다 보니 3D프린터가 집, 자동차, 오토바이부터 의료과학 등 다양한 분야에 쓰일 수 있지만 범죄에도 악용될 요지가 있고, 금속이나 플라스틱 재질을 원료로 사용할 때 발생되는 미세먼지 등 환경오염의 가능성도 가지고 있다는 사실을 안다. 하지만 관심이 없는 사람들은 3D프린터를 보며 환경오염까지 연관시키기는 쉽지 않을 것이다.

그리고 배경지식이 있어야 더 궁금해지는 법이다. 나는 요리에는 궁금한 것이 별로 없다. 워낙 아는 게 없어서 더 그런 것 같다. 그렇지만 3D프린터는 정말 궁금한 것이 많다. 어떤 원리로 집을 지을 수 있는지, 어떤 재료로 인체의 장기를 만들 수 있는지 등 질문할 거리가 너무 많다. 이것이 바로 배경지식이 가지는 힘이다. 질문은 결국 호기심과 창의력으로 가는 지름길이다. 배경지식 없이는 창의력도 없는 것과 마찬가지다.

자녀교육 전문가 최효찬은 저서《세계 명문가의 독서교육》에서 자녀가 성공하기를 바란다면 독신(독서의 신)으로 키우라고 하면서, 뛰어난 인재들을 길러낸 가문들의 공통점이 바로 아이와 함께 부모가 공부하며 책을 읽은 것이라고 말하고 있다. 세계적인 명문가들은 가족만의 문화처럼 독특한 독서 교육 시스템으로 아이들을 가르치며 부모가 평생 아이의 독서 멘토 역할을 매우 성실히 수행했다고 말이다.

이 책에 소개되는 명문가들은 좋은 성품과 탁월한 능력을 지닌 리더를 만들기 위해 자녀교육에 최선을 다했다. 우리 각자의 가정이 대한민국의 내로라하는 명문가는 아니지만 자녀를 리더로 키우고 싶지 않은 가정이 어디 있겠는가? 우리도 우리 아이들이 최고가 되기를 바라지 않는가? 그럼 그런 희망사항에 맞는 환경을 만들어 주어야 한다. 저자는 한 분야의 전문가가 되려면 남보다 다섯 배 더 많이 책을 읽으라고 말한다.

워런 버핏의 어린 시절은 온통 책이었다고 한다. 책벌레 버핏은 열 살 때 이미 투자에 관련된 책을 다 읽고 열한 살에 경제신문을 읽으며 직접 주식투자를 했다고 한다. 버핏 가문의 독서법을 보면서 다시 한번 배경지식의 중요성을 느꼈다.

성공하고 싶으면 내 아이가 성공에 대한 배경지식을 가지도록 도와주는 게 중요할 것이고, 인성에 대해 강조하고 싶다면 당연히 인성에 대한 배경지식을 가지도록 도와주어야 한다. 유대인들은 경제교육을 매우 강조하는데, 실제로 열세 살이 되면 아이들이 경제적으로도 독립을 하게 된다. 대한민국에서는 불가능한 상황이 아닐 수 없다. 우리 아이들은 수학 공부는 해도 주식이나 자신이 투자하는 시간의 가치에 대해서는 많이 배우지 못한다. 오로지 성적을 위한 공부만 하고 있으니 미래가치에 대한 생각을 하기 어렵다.

책이 중요한 걸 알면서도 아이에게 직접 책을 읽어 주는 엄마는 생각보다 많지 않다. 워킹맘이나 전업맘이나 힘든 건 매한가지다. 아이들이 어린이집에, 학교에 다녀오는 동안 집이나 밖에서 일을 하고 저녁을 먹이고 씻기고 정리하고 나면 엄마에게는 책을 읽어 줄 에너지가 남아 있지 않다.

그럼에도 불구하고 아이에게 책을 읽어 주어야 한다. 책을 읽어 준다는 것은 단순히 정보와 지식만을 전달하는 것이 아니다. 아이에게 엄마의 목소리와 감정을 전달하는 것이고, 아이는 엄마의 온기를 느끼는 것이다. 그러면 도대체 언제까지 아이에게 책을 읽어 주어야 하는 걸까? 아이가 읽어 달라고 할 때까지 읽어 주어야 한다. 8세인 나의 큰아이도 아직까지 엄마에게 책을 읽어 달라고 한다. 아이의 평생을 놓고 보면 이러한 시기는 길지 않다는 것을 잊지 말아야 한다.

배경지식이 중요한 것을 잘 알지만 책을 준비하지 않는 엄마들이 자주 하는 말이 있다.

"우리 아이는 책을 안 좋아해요."

"있는 책도 잘 안 봐요."

"있는 책을 다 봐야 더 사 주죠."

하지만 내 경험에 비추어보고 또 많은 학자들이 말하기를, 집에서 부모가 책을 많이 읽어 주고 접하게 해 준 아이가 책을 잘 본다고 한다. '닭이 먼저냐, 달걀이 먼저냐'의 문제라고 볼 수도 있지만 집에 책이 없는데 아이가 책을 좋아하기는 어렵다. 아이의 문제는 부모의 문제라는 말이 있다. 그렇다면 아이가 책을 안 좋아하는 것은 누구의 문제일까? 정말 아이 탓만 할 수 있을까? 결단을 내리고 이제부터라도 엄마가 달라져야 한다. 내 아이와 함께 할 때는 바로 지금이다.

나의 큰아이도 많은 심적인 스트레스를 받아 검사해 보니 애정결핍이었다. 누구의 잘못이겠는가? 내 잘못이다. 둘째가 생기고 큰아이가 받을 스트레스에 대한 배경지식이 부족한 내 탓이었다. 지금은 큰아이가 겪고 있는 상황에 대해 조금 더 많은 지식을 가지고 있기에 아이에게 대하는 것이 달라졌지만 예전에는 큰아이는 다 큰 것 같고 둘째는 마냥 어린 것 같은 상황 속에서 헤매기만 했다. 참 속상한 것이 나도 맏이여서 맏이의 기분을 아는데도, 엄마가 되어 보니 오히려 친정 엄마가 이해되었다. 왜 나에게 그렇게 엄격하셨는지 말이다. 누구보다 더 큰아이의 마음을 잘 헤아려 줬어야 하는 사람이 나인데, 내가 아이에게 상처를 주고 있었다는 사실에 마음이 아팠다. 그래서 요즘은 남매육아에 대한 배경지식을 다시 채우고 있다.

배경지식 없이 질문하면 어떻게 될까? 결론만 이야기하자면 답을 들어도 잘 알아들을 수 없을 것이다. 배경지식은 호기심과 관심의 씨앗이다. 그리고 이 씨앗이 있어야 질문도 할 수 있다. 아무것도 알지 못하면 아무것도 질문할 수 없다. 그래서 아이가 질문을 잘하기를 바란다면 아이에게 다양한 분야의 배경지식을 전해 주어야 한다. 과학, 수학, 역사, 국어 등 전 영역에 걸쳐 아이가 호기심을 느낄 만한 지식을 접하게 해 주어야 한다. 이 씨앗들이 자리 잡아서 아이는 호기심을 키우고 궁금한 것을 물어보게 된다. 결국 배경지식이 질문하는 아이를 만든다.

뻔한 질문은 없다

교육은 참으로 훌륭한 것이다. 그러나 때로는 우리들 스스로 가치 있다고 깨달은 것들은
교육을 통해서 깨우쳐진 것이 아니라는 것을 명심해 두는 것이 좋다.
· 오스카 와일드 ·

"엄마, 나 사랑해?"

큰아이가 나에게 이렇게 물었을 때는 눈을 마주치고 품에 꼭 안아 주며 "그럼, 당연히 사랑하지."라고 진심을 담아 이야기해야 한다. 그렇지 않으면 "엄마, 거짓말이지?"라며 뾰로통해진다.

그런데 나도 이런 질문을 누군가에게 했었다. 바로 남편이다. 남편과 나는 6개월 연애 후 상견례를 하고 9개월 만에 결혼했다. 짝사랑이 아닌 마주하는 사랑은 남편이 처음이었다. 나는 남편에게 날 사랑하느냐고 물었고, 남편은 이 뻔한 질문에 진심을 다해 답변해 주었다. 내가 느낄 수 있도록 말이다.

모든 질문에는 그 의도와 마음이 담겨 있다. 특히 아이가 하는 질문이 뻔하더라도 진심을 다하지 않고 무성의한 대답을 하게 되면 아이는 상처받는다. 사랑을 고백했다가 거절당한 사람의 마음처럼 말이다. 생각해 보면 아이는 부모와 연애를 하는지도 모른다. 아이는 끊임없이 부모의 사랑을 원하고 갈구한다. 그런데 부모는 바쁘고 아이를 마주할 시간이 없다. 서로의 타이밍이 어긋나서 상처가 되고 실망하고 슬퍼한다.

여고 시절 즐겨 읽던 《유리가면》이라는 만화책이 있다. 여자 주인공이 연극 속에서 한 남자를 사랑했다. 연기인데도 남자는 여자가 자신을 진심으로 사랑한다고 생각했다. 남자는 여자의 연기에 진심으로 반했다. 나는 그것을 보면서 사랑은 어쩌면 이런 것이 아닐까 생각했다. '내 사랑을 받을 만한 사람을 만난다면 진심을 다해 사랑과 존중을 해야겠구나'라고 말이다. 그래서 후회 없이 사랑해야겠다고 생각했다.

단, 존경할 만한 남편과 좋은 아버지가 될 만한 사람을 원했다. 나는 늘 행복한 가정을 꾸리는 것이 소원이었다. 따뜻한 어머니, 든든한 아버지가 있는 행복하고 안전한 가정을 꾸리고 싶었다. 남편은 그런 내게 하늘이 보내 준 선물과도 같은 사람이었다. 한번은 꿈을 꾸었는데 꿈속에서 남편이 없어졌다. 꿈에서도 어찌나 슬펐던지 울며 깨어났다. 그리고 남편에게 전화를 해서 서럽게 울며 당신 진짜 있는 사람이냐고 물었다.

남편은 그런 나의 질문에 진심으로 대답해 주었다. 나는 그때 내가 많이 사랑받고 있다고 느꼈다. 나의 작은 질문, 뻔한 질문에도 일일이 진심을 다해 대답해 주는 남편 덕분에 심리적으로도 많이 안정될 수 있었다. 그래서 무척 감사하다. 지금도 온 마음을 다해 남편을 사랑하고 존경한다고 자신 있게 말할 수 있다. 물론 좋기만 한 것은 아니다. 서운할 때도 있고, 속상할 때도 있지만 내 감정의 계좌에 큰 적금을 넣어 준 진심들로 나는 사랑의 이자를 만들고 있다.

내가 이런 이야기를 하는 이유는 바로 내 아이에게 이런 관점을 적용할 생각을 못했다는 것을 말하기 위해서다. 아이가 자신의 생각을 가지고 점점 자라면서 어쩌면 나는 아이와 연애를 했어야 한다는 생각이 들었다. 많은 시행착오를 겪은 후에야 든 생각이다. 아이와 연애를 하듯이 아이의 어떤 질문이라도 진심을 담은 대답을 해 주고 늘 사랑어린 눈으로 바라보았더라면 내 아이가 애정결핍이라는 결과를 받지는 않았을 텐데 하는 생각이 들었다.

물론 지금은 많이 나아졌다. 결론적으로 말하면 내가 달라졌기 때문이다. 그래서 나는 아이와 연애를 하겠다고 마음을 다잡고 있다. 편지도 써 주고 감동 어린 선물도 주고 추억도 만들어 주는 등 남편이 내게 해 주었던 것들을 아이에게 해 주고 있다. 이 글을 쓰며 아이가 나를 참 많이 닮았다는 생각이 들었다. 내가 애정이 고팠던 것처럼 내 아이도 애정이 고픈 모양이구나, 남편을 만나 채워졌던 마음을 이제 내가 아이에게 채워 주어야겠다고 생각했다.

뻔한 질문이 세상을 바꾸는 시대에 살고 있는 우리는 뻔한 질문을 중요하게 생각해야 한다. 누구나 알고 있는 것 같은 질문이 바로 뻔한 질문이다. 이미 알고 있는 사실인데, 이 뻔한 사실을 바탕으로 해서 새로운 많은 지식과 발명이 일어난다.

뻔한 사실을 바탕으로 철학적인 사고를 할 수도 있고, '눈에 보이는 것만을 믿는다'라는 전제에서 가상현실을 창조할 수도 있다. 중요한 것은 아이가 어떤 말을 해도 존중하는 마음으로 들어 주자는 것이다.

남편에게 뻔한 질문에 대해 어떻게 생각하느냐고 물었다. 나는 평소에도 남편의 이야기를 귀담아 듣는 편이지만 남편의 대답은 흥미로웠다. 남편은 뻔한 질문이 창의적인 질문이 아니냐고 되물었다. 그러면서 우리 아이가 했던 질문을 기억하고 그때의 이야기를 다시 내게 말해 주었다.

"엄마, 자동차는 왜 못 날아?"

"응, 그러게. 자동차는 왜 못 날까? 나중에 우리 우주가 자동차를 날게 해 줄래?"

"그래, 좋아."

남편은 이때 뻔한 질문이 창의적 질문이 될 수 있다고 생각했다고 한다. 이런 대화가 가능한 것은 아이가 아직 세 살이었고, 불가능을 알지 못했기 때문이었다. 라이트 형제가 가졌던 "왜 사람은 날 수 없지?"라는 질문에 "당연히 날 수 없지."라고 대답하고 더 이상 질문하지 않았다면 어떻게 되었을까? 누군가 뻔히 안 되는 것에 대해 도전하지 않는다면 우리 삶은 어떻게 될까? '가난해서', '시간이 없어서', '잘 못해서'라고 스스로 한계 지어 버리면 그렇게 살게 된다.

그렇지만 아이처럼 불가능의 한계를 지어 버리지 않는다면, 모든 가능성을 열고 뻔한 질문을 중요하게 생각하며 해답을 찾아간다면 어떻게 될까? "세상의 모든 아이들은 과학자, 철학자"라는 말이 있다. 아이들의 뻔한 질문을 그냥 지나치지 말자. 우리 둘째 아이는 언젠가는 자동차가 날게 되는 데 큰 역할을 할지도 모른다. 아이에겐 불가능이 없으니까. 엄마가 해 준 그 지지의 한마디를 좌표 삼아 자동차가 날게 만들 해법을 찾아낼지도 모를 일이다.

세상을 바꾸는 것에 철학이 있다는 것을 부정할 사람이 있을까? 동서고금을 막론하고 철학의 존재는 끊임없이 우리의 사고를 자극하고 세계의 지식을 자극해서 새로운 가치를 만들어 냈다. 애플조차도 기계와 인문학적 철학의 멋진 앙상블의 결과가 아니던가. 우리가 앞으로 살아갈 미래는 이러한 철학적인 질문과 사고가 그 어느 시대보다도 필요한 시점이다. 상상하는 모든 것을 만들어 낼 수 있고 그 이상이 이루어지는 세계를 눈앞에 두고서도 뻔한 질문의 가치를 폄하할 수 있겠는가? 사랑, 과학, 철학, 기술, 수학, 예술 모든 분야의 진부할 수도 있는 뻔한 질문들은 우리 아이들의 미래를 바꾸는 결코 뻔하지 않은 최고의 시작이 될 것이다.

질문은 아이를 성장으로 이끈다

아이가 성장하는 것을 느끼는 때는 언제인가? 아이가 누워 있다가 엎드리고 일어서서 걷는 것, 그리고 말을 하게 되는 모습을 보며 우리는 아이가 성장하고 있다고 느낀다. 이렇게 신체적 발달은 쉽게 눈으로 확인할 수 있다. 그러나 아이의 뇌 속에서 일어나는 일은 눈에 보이지 않으니 제대로 관찰하지 않으면 언어발달이나 소근육·대근육 성장이 늦어질 수 있다.

그런데 하나의 성장이 더 존재한다. 바로 정신적인 성장이다. 우리도 아이였다가 청소년이었다가 어른이 되고 결혼을 하고 부모가 되었지만 정말 다 컸다고 할 수 있을까? 우리 주위에는 어른임에도 불구하고 정신적으로 성숙하지 못한 사람들이 많다.

베르나르 베르베르의 《타나토노트》를 보면 사람의 영혼의 성장과정에 대한 흥미로운 상상력을 엿볼 수 있다. 잠시 소개하자면, 사람의 영혼은 단계별로 성숙하게 되는데 현재에 처한 상황은 자신의 선택의 결과이고, 앞으로 좀 더 성숙한 영혼이 되기 위한 깨달음의 과정이라는 것이다. 나는 영혼의 성장과정이라는 상상에 주목했다. 정신은 육체보다는 영혼에 가까운 개념이 아닐까 하는 생각이 들었기 때문이었다. 정신도 성장해야 한다. 자신만의 가치관이 생기고 세상을 바라보는 기준을 만들어 가는 것을 정신적인 성장이라고 부르지 않겠는가? 그런데 여기서 중요한 것은 '어떤 생각이 정신을 성장하게 하는가?'라는 물음이다.

나는 이렇게 답하고 싶다. 인생이라는 긴 여정에서 우리는 늘 이다음에 무엇이 있는지 혹은 일어날지에 대해 늘 의문을 가지고 있지 않은가? 그런데 가끔은 자신에 대한 의문보다 늘 상황에 대한 의문이 먼저인 것 같아 안타깝다. 우리가 만나는 상황은 거의 우리 안에서 만들어진 것이다. 우리의 생각과 기대에 이끌려 나타난 결과다. 그렇다면 외부에 대한 궁금증보다는 '나'라는 존재에 대한 궁금증을 가져야 하지 않을까?

40대가 넘어서도 자신이 무엇을 좋아하는지 잘 모르는 경우가 많다. 심지어 가정을 이루고 직업을 가졌음에도 자신이 잘하는 것과 못하는 것, 그리고 좋아하는 것과 좋아하지 않는 것을 제대로 모르고 있다.

나는 운전한 지 얼마 되지 않는다. 그래서 운전이 서툴다. 안개가 많이 끼거나 야간 또는 눈이나 비가 많이 오는 날이면 더 힘들다. 반면 시야가 깨끗하고 목적지까지 가는 길을 잘 알면 쉽게 느껴진다. 이처럼 자신에 대해서 알면 알수록 목표를 정하는 것은 더 쉬울 수밖에 없다. 아이의 성장을 고민하기에 앞서 엄마의 성장이 먼저 이루어져야 한다고 생각하는 이유가 여기에 있다. 엄마의 성장은 아이가 맑게 개이고 쭉 뻗은 도로를 만나게 해 줄 수 있는 최고의 내비게이션이다.

아이를 제대로 키우는 일은 절대 쉽지 않다. 적어도 스스로 어떤 부모가 되어야겠다는 계획을 세워야 한다. 그리고 내가 부모로부터 받은 상처를 그대로 아이에게 대물림하는 일을 멈춰야 한다. 엄마가 성장하려면 먼저 자신의 아픔을 직시해야 한다. 더 나아가서는 다음과 같은 질문을 스스로에게 던져 봐야 한다.

"나는 지금 아이에게 어떤 엄마인가?"
"나는 어떨 때 가장 슬프고 힘이 드는가?"
"나는 어떨 때 가장 행복하고 보람이 되는가?"
"나는 아이에게 어떤 엄마로 기억되고 싶은가?"

엄마가 스스로에 대해서 생각하고 성장한다면 이제 아이에게도 같은 질문을 할 수 있을 것이다.

"네가 제일 행복할 때는 언제니?"
"네가 제일 싫어하는 건 어떤 거니?"
"너는 어떤 것이 제일 재미있니?"
"언제가 제일 슬프고 힘이 드니?"

이런 질문은 아이의 마음과 정신을 성장하게 한다. 메타인지(metacognition)란 간단하게 설명하자면, 아는 것과 모르는 것을 구분하는 것이다. 자신에 대해 알게 된다면 그다음으로는 자신이 하고 싶은 것을 찾을 수 있을 것이고, 그렇게 살기 위해 노력할 것이다. 하지만 내가 누구인지 모른다면 어떻게 앞으로 나아갈 수 있겠는가? 아이도 자신의 상태를 아는 것이 중요하다. 오답노트가 중요한 것은 내가 무엇을 모르고 있는지 무엇을 제대로 알지 못하는지를 알려주기 때문이 아니던가?

우리 큰아이는 승부욕이 대단하다. 하브루타를 접하고 나서 나는 아이와 승부에 대해 이야기를 나누는 시간을 가지려고 노력했다. 한번은 한자시험에서 한 문제만 틀려서 나는 정말 잘했다고 생각했는데, 정작 아이는 속상해했다. 처음에는 그런 아이가 이해되지 않았다. '한두 개 정도 틀릴 수도 있는 거지'라는 생각에 대수롭지 않게 괜찮다고 했다. 그런데 건성으로 말을 하면 아이는 바로 안다. 아이는 엄마가 자신의 감정을 알아주기를 바랐다. 나는 그제야 아차 싶었다. 가장 기본인 공감을 제대로 해 주지 못한 것이다. 내가 다시 공감해 주자 아이는 감정을 쏟아내기 시작했다. 공부를 열심히 한 만큼 다 맞힐 수 있을 거라 생각했는데 틀려서 속이 상했다고 말했다. 나는 "기대가 어긋나서 많이 속상했구나. 그래도 틀린 건 나쁜 게 아니야." 하며 안아 주었다. 기분이 풀린 아이는 틀린 문제를 다시 공부해 보겠다며 방으로 들어갔다.

나는 예전보다 성장한 내게도 속으로 칭찬했다. 예전 같으면 "뭐 그런 걸 가지고 그래? 엄마가 틀린 것도 괜찮은 거라고 했지?"라면서 타박을 주었을지도 모른다. 그런데 하브루타를 만나고 나서는 아이에게 충분히 물어보려고 노력한다. 말하지 않으면 알 수가 없으니 말이다. 아이와 대화를 하려고 노력하고 또 물어보면 아이는 조금씩 말문을 연다. 그렇게 조금씩 아이에 대해 알아가는 게 참 감사하다.

나와 가족과 사회에 대해 질문하고 답을 찾을 때 생각과 목표가 생기고 그것을 위해 노력하고 성취하며 실패를 통해 배우게 된다. 이 과정이 바로 인생이다. 호기심을 바탕으로 한 질문은 아이가 성장하는 과정에서 꼭 필요한 일이다. 성장이라는 것은 결국 타인과의 관계 속에서 더불어 살며 자신의 삶을 주체적으로 살아낸다는 것을 말한다. 사회 구성원으로서 자신만의 색을 찾아가야 하는 아이에게 질문은 매우 중요한 시발점이다. 자신과 타인을 구별하려면 질문을 해야만 한다.

"나는 누구인가? 나는 어떻게 다른가?"

자신의 비전과 사명을 스스로 찾고자 질문할 때야말로 성장할 수 있다. 세상에서 가장 귀하고 특별한 내 아이에게 질문하자. 오늘이 바로 그 시작이다.

부모의 질문이 질문하는 아이를 만든다

교육의 목적은 기계를 만드는 것이 아니라,
인간을 만드는 데 있다.

· 장 자크 루소 ·

질문이라는 것은 결국 자신과 대면하는 것이다. 질문한다는 것은 이제 스스로 어떤 사람인지 대면하기를 시작했다는 뜻이고, 더 나은 사람이 되기로 결심했다는 뜻이다. 생각하고 질문할 때 우리의 뇌는 무엇을 할까? 바로 행동하게 한다.

미국의 뇌과학자 로돌포 이나스의 말에 따르면 '운동이 내면화'된 것이 바로 뇌다. 이를테면 해면에는 뇌가 없다. 그리고 식물에도 뇌가 없다. 왜냐하면 식물은 움직이지 않기 때문이다. 즉 생각을 하고 질문하면 뇌는 행동하게 한다. 아이에게 질문을 하기 위해 생각하고 질문하면 당신은 행동을 통해 좋은 부모가 된다.

타고나기를 호기심이 많은 존재인 우리 아이들의 질문을 어떻게 하면 사라지지 않게 할 수 있을까? 질문을 한다는 것은 아이들이 자신의 생각을 표현하기 시작했다는 것이다. 자신의 느낌이나 생각, 호불호를 서서히 알아가고 그에 따른 다양한 질문을 통해 자신을 표현하게 된다. 아이의 질문은 곧 아이의 표현이다.

우리 아이들은 아빠를 잘 따르고 좋아한다. 나는 잔소리가 많고 아빠는 허용적인 편이라서 그런 것 같다. 나들이를 가도 서로 아빠 손을 잡겠다고 난리가 난다. 나는 살짝 삐쳐서 말했다.

"엄마 손은 아무도 안 잡아 주는 거니? 엄마 외롭다. 속상해라."

그랬더니 둘째가 슬그머니 뒤로 와서 이런다.

"엄마, 미안해요. 괜찮아요?"

"응, 괜찮아. 아빠가 좋아서 그러는 거잖아. 엄마도 알아."

"그런데 아까는 왜 화냈어요?"

순간 놀랐다. 아이들의 질문은 상상 외로 솔직하다는 것을 느꼈다. 아이들의 질문에 대답해 주면서 아이가 자란다고 확실히 느낀다. 질문은 점점 다양해지고 어떨 때는 대답하기 어려운 질문도 한다.

유대인들은 하브루타를 통해 아이들에게 자선, 배려, 리더십, 경제, 돈에 대한 가치를 포함한 문화를 교육한다. 그런데 수천 년 전부터 내려온 이 개념들은 아이들이 살아보지 못한 미래에도 너무나 필요한 개념이다.

부자들은 자녀들에게 경제에 관련된 개념을 아주 어릴 적부터 가르친다. 아마 돈에 대한 개념을 가르친다고 봐야 할 것이다. 부를 물려받고 그 부를 지키려면 돈에 대해 알아야 하고 경제의 흐름에 대해 알아야 할 수밖에 없지 않을까? 우리는 아이들에게 경제에 대해 얼마나 가르치고 있을까?

큰아이가 다섯 살 즈음이었다. 함께 외출을 했는데 현금을 가지고 있지 않았다.

"엄마, 나 닭꼬치 사 주세요."

"어떻게 하지? 저건 포장마차에서 파는 거라 돈이 있어야 하는데 엄마가 돈을 안 가져 왔어."

"엄마 카드 있잖아요."

아이는 어른들이 카드로 결제하는 것을 보고서는 카드가 돈인 줄 알았던 것이다. 아이에게 카드는 돈이 아니라고 한참을 설명해 주었던 기억이 난다. 그리고 돈은 화수분처럼 계속해서 쓸 수 있는 것이 아니라 유한하다는 점도 이야기해 주어야 했다.

그래서 알게 되었다. 아이에게 질문이란 새로운 것을 배울 수 있는 절호의 기회가 되기도 한다는 것을 말이다. 하브루타는 질문에서 시작해서 질문으로 끝난다고 해도 과언이 아니다. 좋은 질문은 아이들에게 가르침을 주고 방향을 설정해 줄 수 있다.

하브루타를 하면 짝이 된 사람의 생각을 알 수 있다. 그리고 그 사람의 답변에서 또 질문을 찾으면서 결국 내가 짝이 된 사람과 더 친근해지고 가까워지는 경험을 할 수 있다. 아이에게 질문을 하게 되면 아이의 생각을 알게 되고, 거기서 질문을 이끌어 낼 수 있으며, 아이와의 관계를 긍정적으로 발전시킬 수 있다.

그렇게 되면 부모와의 관계가 부드러워지면서 아이는 마음의 안정과 편안함을 느끼고 좀 더 편하게 질문할 수 있게 된다. 훈육에 있어서 가장 중요한 애착을 형성할 수 있는 기회를 가지게 되는 것이다. 애착 없이 아이에게 무엇인가를 가르치고 전달하는 것은 쉽지 않다. 그 애착을 시작하는 첫걸음이 아이에게 질문을 하는 것이다. 부모의 질문으로 아이는 자신만의 질문을 만들어 나갈 수 있다. 질문으로 아이와 진정한 의사소통과 상호작용을 할 수 있게 되는 것이다.

이 책을 읽는 당신이 아이에게 가장 많이 해야 하는 질문은 다음과 같다.

"사랑하는 아이야, 너는 어떻게 생각하니?"

부모의 질문은 부모의 생각의 표현이 아니라 자녀를 향한 관심의 표현이다. 부모의 생각을 강요하거나 가르치려는 질문이 아니라, 자녀에 대한 관심에서 시작하는 질문이어야 한다. 그래야 자녀도 부모의 관심과 존중을 느끼며 자유롭게 질문할 수 있기 때문이다. 부모의 노력이 질문하는 아이를 만든다.

질문하는 아이가 리더가 된다

교육의 목표는, 사실이 아닌 가치에 대한 지식이다.
· W. R. 잉그

당신이 생각하는 리더란 무엇인가? 한번 써 보자.

✍️

왜 이 과정이 필요할까? 당신이 아이를 리더로 키우고 싶다면
스스로 리더가 무엇인지를 알아야 하기 때문이다. 당신은 리더가
무엇이라고 생각하는가?

나는 요즘 궁금한 게 생기면 내 딸처럼 유튜브에 검색한다. 예전에는 포털사이트에서 주로 검색했지만 요즘은 유튜브에 정보가 아주 많다. 나는 유튜브에서 리더에 대해 검색해 보고 그 검색결과의 질에 놀랐다. 그중 사이먼 사이넥의 강의는 정말 많은 영감을 주었다.

나는 내 유튜브 계정에 성공과 리더에 대한 카테고리를 만들고 사이넥의 강의를 추가했다. 그리고 그의 저서《나는 왜 이 일을 하는가?》를 읽고 나는 리더가 무엇인지 명확히 알 수 있었다. 리더란 대단히 성공적인 사람들이라는 생각에 반대하는 의견은 없을 것이다. 이들의 공통점은 '다른 사람들을 자극한다'는 것이다. 영감을 주고, 꿈을 꾸게 하며, 그 꿈을 향해 달려 나가게 만든다. '자신만의 성공'이 아니라 '여럿의 성공'을 만들어 낸다는 것이 '비범한 성공을 하는 사람들'의 공통점이다.

영감을 주는 리더는 무엇이 다를까? 그들은 모두 "왜?"라는 질문을 시작했다. 사이넥은 우리도 그들의 공통점을 배우고 훈련하면 학습을 통해 '리더'가 될 수 있다고 했다. 그는 리더에 대해 이렇게 표현했다.

"세상에 상상력을 불어넣고 긍정적이며 지속적인 변화를 가능케 하고, 그것을 통해 많은 이들이 번영을 누리도록 환경을 조성하는 사람이 있다. 우리는 그들을 리더라고 부른다."

리더는 생각하고 행동하고 커뮤니케이션하고 관계를 맺는 고유의 스타일이 있는데, 사이넥은 그것을 골든 서클(golden circle)이라고 명명했다. 그림으로 표현하면 다음과 같다.

사이넥이 예로 든 애플을 살펴보자. 다른 회사들이 기본적으로 하는 마케팅은 골든 서클의 바깥에서 시작해서 안으로 들어가는 형식이다. '무엇을'을 먼저 시작하고, 그다음 '어떻게'를 설명한 뒤 '왜' 선택해야 하는지 설명한다. 이 사례에 맞추어 애플의 문구를 맞춘다면 다음과 같을 것이다.

애플은 훌륭한 컴퓨터를 만듭니다.
유려한 디자인, 단순한 사용법, 사용자 친화적 제품입니다.
사고 싶지 않으세요?

어떤가? 우리가 접하는 대부분의 광고가 이렇다. 그러나 애플은 다르다. 다음 문구를 살펴보자.

애플은 모든 면에서 현실에 도전합니다. '다르게 생각하라!'라는 가치를 믿습니다.

현실에 도전하는 하나의 방법으로 우리는 유려한 디자인, 단순한 사용법, 사용자 친화적 제품을 만듭니다.

그리하여 훌륭한 컴퓨터가 탄생했습니다.

사고 싶지 않으세요?

사람들은 애플이 만들어낸 이런 영감에 공감하고 기꺼이 제품을 구입한다. 나는 이 골든 서클을 보고 우리 아이가 리더로 자라는 데 필요한 것은 결국 "왜?"라고 질문할 수 있는 능력이라는 생각이 들었다.

리더는 질문하는 사람이어야 한다. 그래야 조직이나 단체의 목표나 방향을 이끌어 갈 수 있기 때문이다. 리더가 방향을 제대로 잡지 않으면 무슨 일이 벌어지는지 우리는 지난 세월 동안 뼈저리게 보고 듣지 않았는가? 리더는 그 집단을 대표한다. 그래서 더 많이 생각해야 하고 더 많이 고심해야 하며 더 제대로 질문해야 한다.

아이를 리더로 키우고 싶은가? 그렇다면 아이도 리더가 되고 싶은지, 왜 리더가 되어야 하는지에 대해 아이와 충분히 소통해야한다. 단순히 체험을 많이 시키고, 여행 가고, 학원 보내고, 리더십 캠프에 보낸다고 리더가 되는 길을 가르치는 것은 아니다. 부모가 먼저 지혜로운 리더로서 영감을 주고 동기를 부여해야 좋은 결과를 얻을 수 있다.

질문하는 아이가 스스로 답을 찾는다

아이는 호기심을 충족하기 위해 부모에게 먼저 질문한다. 왜냐 하면 자신과 가장 가까운 사람이 바로 부모이기 때문이다. 안타까 운 것은 많은 부모들이 선생님에게 물어보라고 하거나 스마트폰 으로 찾아보라고 한다는 것이다. 나도 그랬던 경험이 있다. 아이 의 요구에 응해 주는 것이 귀찮게 느껴졌던 시절이 있었다.

어느 날 아이가 어린이집 방학숙제를 가지고 왔다.

"엄마, 나 이거 해야 돼요."

"응, 그래. 뭘 찾아보라는 숙제 같은데 뭘 찾아보고 싶니?"

"나 무당벌레요."

"그래? 그럼 인터넷에서 무당벌레를 찾아보렴."

그런데 검색해 보니 정보가 너무 많아 아이가 이해하고 정리하기 어려워 보였다. 뿐만 아니라 원하지 않은 정보와 광고까지 무분별하게 나타나 혼란을 주었다. 스마트폰을 통한 인터넷 검색은 집중력이 그리 길지 않은 아이들에게 유용하지 않다. 게다가 터치 한 번으로 간단하게 조작할 수 있기 때문에 이탈이 더욱 쉽다.

그래서 나는 백과사전을 구입했다. 어렸을 적 우리 집에는 빨간 표지의 백과사전이 있었다. 나는 백과사전에 있는 블랙홀과 별에 대한 그림과 글을 보는 것이 재미있었다. 당시 우리 집 텔레비전은 흑백이라 컬러 사진들이 많은 백과사전이 더 흥미로웠다.

요즘 아이들은 풀컬러 텔레비전과 스마트폰에 익숙해 책으로 관심을 돌리기는 쉽지 않다. 그렇지만 궁금한 것이 생겼을 때 백과사전을 함께 찾아보자고 한다면 아이는 엄마와 함께하는 시간에 대해 긍정적으로 생각하고 습관으로 만드는 첫 발자국을 내디딜 수 있다.

나는 아이가 백과사전을 찾을 때 어떻게 정리하면 좋을지 생각했다. 웅진학습백과를 활용하는 방법 중 궁금이노트가 있는데, 이것을 우리 아이가 활용하기 좀 더 쉽게 바꿔 보기로 했다. 그래서 한 줄 정의를 쓰는 칸을 만들어서 아이에게 보여 주었더니 아이도 의견을 냈다.

"나 글자를 가운데 쓰고 싶은데. 엄마가 만든 칸 안에다가 점선을 넣으면 어때?"

"오, 그거 정말 좋은 생각이네."

그렇게 탄생한 백과찾기 노트는 아이의 생각이 들어가 있어서 더욱 애착이 간다. 아이도 자신의 아이디어가 들어간 이 노트에 호감을 느끼고 있다. 그렇게 해서 우리는 무당벌레에 대해서 백과 찾기를 했다.

"별아. 무당벌레가 곤충이라고 나오네. 곤충은 동물일까?"

"음… 아니. 곤충은 곤충 아니야?"

"우리 그럼 곤충에 대해 찾아볼까?"

"응. 찾아보자."

곤충은 동물에 속한다는 내용을 찾고 아이는 무척 재미있어했다. 자신이 생각했던 것과는 다르지만 새로운 것을 알게 되었다는 생각에 흥미를 느꼈다.

백과사전으로 정확한 개념을 익힐 수 있다. 그것을 가지고 아이가 자신의 사고를 확장해 나간다면 더 좋은 질문, 더 재미있는 질문을 할 수 있다. 질문에는 사실 답이 숨겨져 있다. 질문하는 사람은 자신의 생각을 담아 질문하기 때문이다. 상대방의 대답이 자신이 미리 염두에 두었던 답과 다르다면 다시 질문하게 될 것이다. 그렇지 않다면 자신의 생각을 바꿀 수 있는 관점을 얻기도 한다. 또는 자신의 의견을 뒷받침하기 위한 논거를 찾아야 할 수도 있을 것이다.

질문하는 아이는 자신의 생각을 증명하거나 바꾸기 위해 결국 스스로 답을 찾아야 한다. 그렇게 탐구하는 마음의 씨앗을 품은 아이는 스스로 호기심을 해결해 나가려는 노력을 할 수밖에 없다.

아이가 스스로 호기심을 발전시키고 해결할 수 있도록 아이에게 질문을 하고, 또 질문에 해당하는 답변을 찾을 수 있도록 책 그리고 부모라는 플랫폼을 만나게 해 주자. 그러면 아이는 자신의 질문에 스스로 답을 찾아가는 과정 자체를 즐기게 될 것이다. 그 모든 과정에서 처음은 부모가 함께해야만 한다는 것을 절대 잊지 말아야 한다.

우리는 스스로 하는 것에 대해 잘못된 편견을 가지고 있다. 아이에게 학습지 공부를 시키거나 학원에 보내면 스스로 알아서 하게 될 것이라는 막연한 기대를 가지고 있다. 아이들의 집중력은 그리 오래 가지 않으므로 스스로 하기 힘들다. 그렇기 때문에 스스로 하는 습관을 만들어 주고 해야만 하는 이유를 만들어 줘야 한다. 내적 동기가 중요한 것이다. 외부의 압력이나 강압에 의해서 하는 것은 자율학습이 아니다.

마음속에서 무엇인가를 하고 싶은 마음이 생기고 그것을 실행해야 한다. 그럼 내적 동기를 어떻게 스스로 찾을 수 있을까? 자신에게 질문할 수 있어야 한다. 아이가 알아서 잘하길 바라는가? 그렇다면 자신에게 질문할 수 있는 아이로 키워라. 설령 그 일이 매우 수고스럽더라도 말이다.

PART
4

아이의 질문과 생각을 여는
8가지 부모수업

질문을 통한 대화를 시작하라

자녀교육의 핵심은 지식을 넓히는 것이 아니라 자존감을 높이는 데 있다.

· 레프 톨스토이 ·

당신은 아이와 어떤 대화를 하고 있는가? 당신은 어떤 말을 하는 사람인가? 대화란 무엇일까? 대화는 마주 대하고 이야기를 주고받는 의사소통을 이야기한다. 그런데 철학에서 대화는 문답과 같은 뜻이라고 이야기한다. 문답이 무엇인가? 질문과 대답이 아닌가?

철학에서는 여러 문제의 전개는 문답을 주고받음으로써 명확히 제시되는 것이므로 대화를 진리의 탐구 또는 교육의 수단으로 사용하고 있다. 그래서 소크라테스의 대화는 교수법의 예술적 표현으로서 불후의 가치를 지니고 있는 시대의 유산인 것이다.

우연히 처음 만난 사람과 대화가 될까? 얼마 전 나는 카페에서 처음 만난 분과 대화를 했다. 존경할 만한 인생을 살아오신 분과 대화를 하는 것은 너무나도 즐거웠다. 그분과의 대화를 통해서 나는 관점을 넓힐 수 있었다. 전혀 만난 적 없던 인생과 인생이 부딪힌다는 것은 기분 좋은 에너지가 만나 더 커지는 것과 같다.

대화는 결국 질문하고 답하는 것에서 시작한다는 것을 알 수 있다. 아이나 배우자와 대화를 하기 이전에 자신과 대화를 먼저 해 보자. 당신은 자신과 얼마나 대화를 하고 있는가? 자신에게 질문을 한 적이 있는가? 자신이 왜 존재하는지에 대한 생각이나 질문을 한 적이 있는가? 스스로에 대해서 무엇이든 질문을 던지고 스스로 대답을 한 것들이 있는가? 부모라면 반드시 이 과정을 거쳐야 한다. 처음에는 힘들 수도 있다. 자신과의 대화는 생각만큼 쉬운 일이 아니다.

자신과의 대화를 꼭 시도하고 결론을 내리고 나면 그다음은 배우자에게 질문해 보라. 우리는 어떤 부모가 될 것인지에 대해서 말이나. 그리고 그런 부모가 되기 위해 무엇을 해야 하는지도 대화를 나눠 보라. 여기서 대화라는 것은 질문과 답으로 이루어진 것이다. 자신과의 대화를 통해 스스로를 정의내리고, 배우자와 함께 가고자 하는 부모의 길과 역할에 대해 목표를 정해야 한다.

대화를 하게 되면, 즉 질문과 답변을 하게 되면 개념에 대해 정의를 내릴 수 있고, 그 개념으로 목표를 향해 다가갈 수 있으며 목표를 이루기 위해 실행하게 된다. 그러고 난 다음 되고 싶은 부모의 모습으로 아이를 대하고 질문할 수 있다. 그것만으로도 아이는 지금과는 다른 부모를 만나게 될 것이다.

만약 당신의 질문이 달라지지 않는다고 느낀다면 다시 한번 당신 스스로 되고 싶은 부모에 대해 질문하고 생각한 답변을 종이에 쓰고 하루에 한 번 이상 소리 내어 읽어 보자. 구체적으로 그러한 부모가 할 만한 행동들에 대해 생각해 보자. 구체적인 연습과 생각을 통해 당신이 원하는 부모가 될 수 있다.

언어는 쓰지 않으면 퇴화된다. 질문도 마찬가지다. 많이 할수록 조리 있고 적절하게 할 수 있다. 아이와의 대화도 마찬가지다. 자꾸 해 봐야 더 즐겁고 쉬워진다.

학창 시절 나는 영어를 무척 좋아했다. 고등학교에 다닐 때는 오스트레일리아의 친구와 펜팔을 한 적도 있다. 그 시절만 해도 이메일이 없었으니 펜팔을 주로 했다. 영어로 편지를 주고받았는데 그 친구는 필기체로 써서 더욱 이해하기 힘들었다. 나도 문법이 완벽하지 않았으니 그 친구도 얼마나 이해했을지는 알 수 없다. 영어 실력을 높이기 위해 학원도 많이 다니고 미국 영화와 드라마도 즐겨봤지만 그다지 늘지 않았다.

내가 영어를 더 잘하고 싶었다면 공부하는 시간을 더 늘려야 했음을 지금은 안다. 내 스스로 문장을 외우고 말하는 시간을 가졌어야 했다. 계속해서 새로운 것만을 배우는 것이 아니라 내 것으로 만드는 공부를 했어야 했다.

나는 가족과 함께 크루즈를 타고 세계여행을 가는 목표를 가지고 있다. 그때 내가 유창한 영어로 가족들을 이끌고 싶다. 그래서 다시 습관을 바로잡아 영어 공부에 매진하고 있다. 내가 영어를 더 잘하게 되면 그 모습을 본받아 아이도 잘하게 될 것이라는 기대를 품고 말이다.

아이와 대화를 하려고 마음먹었다면, 하루에 얼마큼의 시간을 아이와 보낼 수 있는지 다시 한번 생각해 보아야 한다. 일반적으로 아이의 하루가 어떠한가? 어린이집 혹은 학교에 다녀오고 학원을 한두 군데 다녀오면 엄마가 퇴근하는 시간에 맞춰 집에 오는 경우가 많다. 그럼 씻기고 밥 먹고, 아이 가방 정리하고 나면 자야할 시간이다. 도대체 언제 대화를 해야 하나? 대화란 질문과 대답이라고 했다. 그럼 언제 질문을 할까? 바로 아이와 재회한 순간에 아이를 꼭 안아 주면서 하면 된다.

"별아, 너무 보고 싶었어! 오늘 어린이집에서 뭐가 제일 즐거웠어?"

이렇게 오자마자 아이에게 말하면 아주 좋은 대화의 시작이 아니겠는가? 밥 먹으면서, 그리고 목욕을 시키면서도 아이와 대화를 할 수 있다. 질문하기 전에 엄마의 하루를 전해 주는 것도 좋다. 그러면 아이가 그에 대해 질문을 할 수도 있다. 아이의 대답을 통해 엄마가 아이를 더 잘 이해할 수 있는 것처럼 아이도 엄마의 생각과 일상에 대해 이야기를 듣고 질문을 함으로써 엄마를 더 잘 이해할 수 있게 된다.

짧은 대화가 모여 유창한 대화를 할 수 있게 된다. 어린 시절 부담 없이 나눈 대화를 바탕으로 아이는 자신의 생각을 자연스럽게 표현하며 주눅 들지 않는 연습을 하는 것이다. 내 아이의 표현력을 자연스럽게 길러 주기 위해 짧은 질문과 대답을 통해 대화를 해 나가자.

질문을 잘하려면 어떻게 해야 하는가? 우선 상대방의 이야기를 잘 들어야 한다. 그럼 아이와의 대화를 잘하려면 어떻게 해야 할까? 아이와 간단한 대화를 많이 나눈 경험이 쌓여 있어야 한다. 오가는 질문과 답변 속에 아이는 부모에게 어떤 말이든 해도 된다는 것을 깨닫고 신뢰와 안정을 얻는다. 대화는 아이의 일상과 감정의 공감일 수도 있지만 때로는 아이의 문제를 해결해 나가는 실마리일 수도 있다. 그래서 우리는 질문해야 한다. 대화의 시작이 바로 질문이기 때문이다.

아이에게 의문을 제기하는
질문을 던져라

널리 배워서 뜻을 두텁게 하며 묻기를 절실히 하여
생각을 가까이하면 어짊이 그 가운데 있다.

· 《논어》 중에서 ·

아이가 어린이집이나 유치원에서 무엇을 배우는지 알고 있는
가? 아이가 궁금해할 만한 질문을 하려면 무엇을 공부하는지 알
이야 한다. 아이가 어린이집이나 유치원에 다니고 있다면 주간 학
습계획안을 받을 것이다. 2018년 초등학교 과정의 교과서가 모두
개정되었다. 그래서 어린이집과 유치원 모두 누리과정을 통해 초
등교과와 연계된 수업을 진행하고 있다. 그럼 우리 아이에게 어떤
질문을 하면 아이가 대답을 잘할 수 있을까? 우선 아이에게 뭐가
제일 재미있었냐는 질문을 한 다음 대화를 이어가다가 나는 이런
질문을 했다.

"별아, 이번 주는 세계 여러 나라에 대해서 배운다고 하던데.

어느 나라가 궁금했어?"

"영국."

"아, 영국이 궁금했어? 왜 궁금해졌을까?"

"응. 어린이집에서 선생님한테 배웠어."

"아, 선생님한테 영국에 대해서 들었더니 더 궁금해졌어? 너무 멋지다."

"응. 나 멋지지?"

별이는 가보지도 않은 영국이라는 나라에 대해 선생님께 배웠다고 했다. 배웠다기보다는 들었다는 것이 맞을 것이다. 왜 별이는 배웠는데 더 궁금하고 알고 싶어졌을까? 뭔가를 들어서 알게되었기 때문에 더 궁금해진 것이다. 나도 내가 좋아하는 영어에 대해서는 많은 관심을 가지고 있고, 어떻게 하면 더 잘할 수 있을까 늘 고민한다. 아예 모르면 알고 싶지 않지만, 조금이라도 알게되면 더 궁금해지고 알아보고 싶은 것이다.

아이가 배우고 있는 것에 부모가 관심을 가지고 질문하면 아이는 알고 있는 한에서 신나게 이야기한다. 아이는 자기가 알고 있는 것을 말하고 싶어 한다. 엄마와 아빠의 관심을 받고 싶기 때문이다.

아이는 어린이집에서 세계 여러 나라라는 프로젝트 수업을 하며 책으로 여러 나라를 보고 국기를 가지고 놀았다. 또 영국이라는 주제로 마인드맵을 하며 만들기를 하고 영국의 특징이 담긴 재미있는 동요를 부르며 놀았다. 아이는 이렇게 듣고 보고 체험해본 것에서 다시 궁금증을 느끼고 있었다. 그 호기심을 놓쳐버리고 싶지 않아서, 나는 영국에 대한 융합독서를 아이와 함께했다.

집에 다양한 분야의 책을 갖춰 놓은 이유 또한 아이가 궁금한 게 생긴 순간을 놓치고 싶지 않아서였다. 나는 영국에 대한 책을 찾고, 인터넷에서 이미지를 검색했다. 런던아이, 런던브릿지, 런던타워의 전체적인 이미지와 부분을 확대한 이미지를 준비했다. 또한 영국 여왕과 화폐 이미지도 찾았다. 그리고 아이와 함께 영국의 2층 버스를 만들어 보기도 했다. 한번 상상해 보자. 우리 아이는 이제 어느 나라에 제일 가 보고 싶어 할까? 만약 영국에 대해서 전혀 몰랐다면 어땠을까? 궁금해할까?

지식의 확장도 이와 같다. 전혀 모르는 것에는 관심도 가지 않지만 어느 정도 정보의 씨앗을 안고 있으면 관련된 정보를 접했을 때 꽉 잡을 수 있는 것이다. 다양한 영역에서의 균형적인 경험과 체험, 그리고 독서를 중요하게 생각하는 이유가 바로 이것이다. 아이에게 호기심의 씨앗을 뿌려 주기 위함이다. 기름지고 비옥한 밭에 뿌려야 아이의 호기심이 잘 자라고 풍성한 잎과 가지를 만들어 낼 것이 아닌가? 그리고 그 열매는 호기심의 가지에서 맺어지는 인생의 선물이 될 것이다.

그냥 아무런 준비 없이 아이에게 질문을 던질 수도 있다. 일단 시작한다는 것에 의미를 둔다면 말이다. 그러나 우리는 이제 알고 있지 않은가. 시작만 해서는 아무것도 바꿀 수 없다는 것을 말이다. 아이에 대한 부모의 모든 노력도 시작만 해서는 안 된다. 시작하고 나면 실패도 분명히 하게 될 것이고 방법이나 방향을 바꿔야 할 필요를 느끼게 될 것이며 자신이 할 수 있는 일에 대해 고민하게 될 것이다. 이 모두가 시작했을 때만 알 수 있는 것이다. 물론 시작하는 것이 전혀 시작하지 않은 것보다는 좋지만, 유지하는 것이 시작하는 것만큼 혹은 그 이상 중요하다.

세상에서 가장 바꾸기 쉬운 것은 당신 자신이다. 그리고 당신 자신이 바뀌어야 아이가, 배우자가, 가족이 바뀔 수 있다.

우리 아이는 실제로 영국을 여행하기를 바라고 있다. 그래서 영국에 대한 질문을 자주 한다.

"엄마, 지도에서 영국은 어디 있어?"

"엄마, 영국은 휴대전화 안 써? 왜 공중전화 박스가 이렇게 있어?"

"엄마, 영국 국기는 이거야? 여왕은 어디에서 살아?"

"엄마, 런던아이 안은 어떨까? 이렇게 높으면 안 무서울까?"

"엄마, 나도 영국에 가보고 싶어!"

아이에게 영국을 억지로 알려 주려고 했다면 아이가 이렇게 반응했을까? 어린이집에서 자극을 받고 집에서 나와 만들기 마인드맵, 융합독서 등을 하면서 아이는 자신의 씨앗에 물을 준 것이나 마찬가지다. 이 씨앗은 점차 영국의 전통과 문화, 그리고 영국의 역사에까지 관심을 가지게 되고 영국에 가고 싶다는 동기를 만들어 주었으며 영어로 말을 해 보고 싶다는 생각까지 하게 했다. 나도 아이에게 의문을 제기하는 질문을 하기 위해 영국 화폐를 주제로 아이에게 질문했다.

"별아, 왜 영국 사람들은 화폐에 여왕의 얼굴을 넣었을까?"

"별이가 화폐를 만든다면 누구의 얼굴을 넣고 싶니?"

나는 아이가 존경이라는 개념에 접근하기를 바랐고, 전통과 문화에 대해 느낄 수 있게 되기를 바랐다. 그리고 화폐에 넣고 싶은 인물을 생각해 보면서 자신이 누구를 존경하는지에 알길 바랐다. 존경한다는 것은 닮고 싶다는 뜻이다. 닮고 싶다면 그 인물을 알아야 한다. 만약 아이가 그러한 인물에 대해 알지 못한다면 역사 속의 인물들을 알려 주며 함께 찾아보자고 하면 될 것이다.

좋은 질문이란 무엇인가? 내 아이에게 있어서 좋은 질문이란 뭘까? 《좋은 질문이 좋은 인생을 만든다》의 저자 모기 겐이치로는 좋은 질문에 대해 이렇게 말하고 있다.

"질문을 던짐으로써 앞으로 나아갈 수 있는 계기나 현재의 상황을 바꿀 수 있는 조언을 얻는다. 질문이란 자기 자신을 크게 바꾸는 힘이다."

그럼 아이에게 어떤 질문을 던져야 도움이 될까? 언제든 010 6790 0330으로 상담을 요청하는 문자메시지를 보내 보자. 아이가 자신의 생각을 알고, 그것을 발전시켜 나가는 질문을 알려 줄 수 있다. 하브루타 전문가로서 당신의 아이가 생각의 씨앗을 무럭무럭 키울 수 있도록 최선을 다해 돕겠다.

아이의 대답을 고대하라

한 사람의 아버지가 백 사람의 선생보다 낫다.

· 조지 허버트 ·

생각이라는 것은 결국 뇌에서 시작하는 것이다. 뇌도 발달 단계가 있다. 소아신경과 전문의 김영훈 교수의 《삐뽀삐뽀 119 소아과》에 뇌 발달 5단계가 설명되어 있다. 간단히 소개하면 다음과 같다.

- 1단계(생후 24개월): 오감각과 시냅스가 급격히 발달
- 2단계(생후 48개월): 종합적인 사고와 정서적 안정의 기초를 다지고, 관계를 통한 학습이 중점적으로 이루어지며, 전두엽과 변연계가 활발하게 발달
- 3단계(학령 전까지): 창의력과 정서발달이 중요한 전두엽과 우뇌가 발달

- 4단계(초등학생): 언어의 뇌가 발달하고, 이어서 수학이나 추상적 개념의 뇌가 발달
- 5단계(20세): 시각의 뇌가 발달해 시각적으로 추상적 개념을 이해할 수 있고 변연계가 활성화

그럼 질문하고 답변을 적절하게 할 수 있는 단계는 어느 단계일까? 바로 4단계다. 물론 옹알이를 할 때부터 언어 능력을 키워 주기 위해서는 엄마가 많은 반응을 해 주고 언어를 노출해 주어야 한다. 그리고 기다려 주어야 한다. 아이가 대답을 한다는 것은 질문을 받고 자신의 생각을 정리해서 말로 표현한다는 뜻이다. 이때 대답을 기다리는 부모의 얼굴이 어떤 표정이면 좋을까?

표정은 마음속에 품은 감정이나 정서 따위의 심리 상태가 겉으로 드러나는 모습을 말한다. 부모의 표정이 얼마나 중요한지 SBS 〈영재발굴단〉에 소개된 화학천재 희웅이의 이야기를 보면 알 수 있다. 희웅이의 부모님은 청각장애인이다. 잘 듣지 못하는 자신들 때문에 아이의 재능을 뒷받침해 주지 못하는 것 같다며 안타까워하는 모습이 전파를 탔다. 하지만 그들은 희웅이가 화학에 대한 이야기를 신나게 할 때 잘 듣지 못함에도 불구하고 한시도 눈을 떼지 않고 따뜻한 사랑의 눈길로 바라보는 모습으로 시청자들에게 감동을 주었다.

잘 들리는데도 아이의 이야기를 5분도 들어 주지 않는 부모가

얼마나 많은가? 부모상담 전문가인 노규식 박사는 이렇게 말한다.

"부모는 아무것도 할 게 없다. 고민이 있다면 아무것도 하지 말고 한 가지만 해라. 아이가 따뜻한 마음을 갖고 자랄 수 있게만 해준다면 아이는 영재성이든 뭐든 훼손되거나 사라지지 않고 계속 성장할 수 있다."

우리가 아이를 위한답시고 하는 모든 것들이 정말 아이가 원하는 것인지 생각해 봐야 한다. 부모는 참으로 바쁘다. 아이에게 해주고 싶은 것들이 너무 많다. 그러나 정작 아이가 원하는 것을 물어보고 그대로 해 준 적이 있는가? 사실 이 물음에 나도 부끄럽다. 아이가 정말 원한 것은 무엇이었을까.

잠시 시계를 돌려 당신의 어린 시절로 돌아가 보자. 당신의 부모님에게 가장 받고 싶은 것이 무엇이었는가? 부모님에게 받았던 것이 모두 당신이 원하는 것뿐이었는가? 우리는 우리 부모에게 받았던 훈육과 육아방식에서 완벽히 자유로울 수 없다. 그러니 나와 다른 내 아이를 위해 마음을 열고 내가 받았던 훈육과 육아가 아니라 아이가 원하는 것을 듣고 생각하고 전해 주려고 노력하자.

아이를 지지하고 있다는 것을 가장 잘 표현할 수 있는 순간은 언제일까? 아이에게 질문을 건네고 얼굴을 바라보며 대답을 기다리는 표정이 아닐까? 그 표정에 아이에 대한 지지를 담자. 지지하고 존중하는 마음을 담아 아이의 대답을 기다린다면 아이는 그 순간 오롯이 부모의 마음을 전달받을 수 있을 것이다.

미국 캘리포니아대학의 교수 앨런 프리드룬드는 〈얼굴 표정은 사회적 영향력을 발휘하기 위한 수단〉이라는 논문을 통해 사람의 표정은 기분이나 감정을 드러내기보다 우리가 원하는 바를 드러낸다고 주장했다. 최근 연구들은 표정과 감정 사이에는 큰 연관성이 없다는 것을 증명하는 한편, 오히려 자신의 의도를 드러낸다고 말하고 있다. 슬픔을 연기하라고 하면 대부분 우는 모습을 떠올릴 것이다. 그러나 실은 우는 표정은 상대방에게 내가 슬프니 위로해 달라고 위안과 공감을 구하는 행동이라는 것이다.

표정은 자신의 의도를 담고 있는 사회적 행동이라는 생각에 깊이 공감한다. 그래서 나는 아이에게 전달하고 싶은 생각과 마음을 먼저 정의해 보면 좋을 것 같다는 생각이 들었다. 나는 내 아이에게 항상 다음 같은 의도를 전달하고 싶다.

"엄마는 너를 너무 사랑하고, 너와 함께 하는 순간순간이 너무 행복하고 고마워."

"네가 말하는 모든 것이 다 신기하고 기대되고 너무 듣고 싶은 마음뿐이야."

어떤 행동을 하기 전에 무엇을 해야 하는지 구체적으로 정의를 내려야 한다. 그 일은 당신의 마음에 자리를 만들어 주는 것이다. 개념을 정확히 하는 것으로, 하려는 행동에 이름을 붙이고 자리를 만들어 그 목표를 인지하는 효과를 얻을 수 있다. 그럼으로써 뇌가 당신의 행동을 이끌어 낸다.

모치즈키 도시타카의 《보물지도》에 나오는 이야기로 실험해 보자. 당신 주변에는 빨간 물건이 몇 개 있는가? 처음에는 찾기가 쉽지 않을 것이다. 그러나 이내 당신은 빨간 물건을 찾아내게 된다. 왜일까? 머릿속에 빨간 물건을 찾으라는 목표를 주었기 때문이다. 뇌는 구체적으로 정해 놓은 방향을 따라 움직이게 당신을 이끈다. 뇌는 움직임과 행동을 유발하고 시키기 위해 존재하는 것이다.

아이에게 질문을 하고 듣는 그 순간에 당신의 머릿속에 무엇이 떠올라야 할까? 바로 아이에게 주고 싶은 당신의 의지가 떠올라야 한다. 그리고 자연스럽게 그것을 전하고자 하는 마음을 담아 표정으로 전달해야 한다. 표정은 의도를 담고 있다. 당신의 생각은 당신의 마음과 얼굴 표정까지도 영향을 미친다는 것을 잊지 말자.

둘째 아이는 공놀이를 좋아한다. 시간만 나면 공놀이를 하자고 한다. 처음에는 공을 제대로 못 주면 아이가 자신의 생각을 표현하지 못하고 짜증만 냈다. 그런데 시간이 흐르면서 점차 아이가 표현을 하기 시작했다.

"엄마, 너무 높아요."

"너무 낮아요."

나는 그 말을 듣고 적당한 높이로 던져 주기 위해 노력한다. 아이는 내가 던진 공을 받아들고 어디로 던질 것인지 잠시 고민한다. 공은 눈에 보이지만 질문은 아이의 뇌에 던지는 보이지 않는 공이다. 그러니 아이에게 질문이라는 공을 던져 주었다면 아이가 공을 받아들고 어디로 공을 되돌려 줄지 고민하는 동안 기다려 주어야 한다. 당신의 아이에게 질문의 공을 던져 보자. 그리고 아이의 대답과 설명을 기대하고 고대하라.

하브루타의 핵심은
질문과 경청이다

* * *

교육이란 지식, 이해, 직장, 돈 이러한 순서로 이어지는 상품이 아니다.
그것은 과정인데 거기엔 끝이 없다.

· 카프맨 ·

우리는 의사소통을 하기 위해 대화를 한다. 대화의 기본 요소
는 질문하고 상대방의 의견을 경청하는 것이다.

인공지능과 함께 살아가야 하는 우리 아이들은 더 이상 간단하
고 단순한 일을 하지 않아도 된다. 그렇다면 사람과 사람이 만나
새로운 가치와 지식을 만들어 내는 일, 창의적인 일을 해야 하는
우리 아이들에게는 질문과 경청 능력이 필요하지 않겠는가?

질문과 경청은 토론의 필수적인 요소인데, 하브루타를 하며 자
신의 생각을 조리 있게 말하고 다른 사람의 의견을 경청하는 연습
을 하는 것은 효과적인 의사소통을 위해 매우 중요하다. 또한 도
전, 동의하는 방법을 연습하는 기회가 되는 것이다. 이런 능력은

아이들이 장기적으로 성공하기 위한 중요한 요소라고 이일우, 이상찬의 《인성하브루타가 답이다》라는 책에서 말하고 있다. 더 넓은 관점을 가지려면 사람과 사람이 만나서 일어나는 생각과 감정의 교류를 치열하게 해야 한다.

잘 들어야 질문도 잘할 수 있다. 아이의 말을 잘 듣지 않으면 질문할 수 없다. 그리고 대답을 잘 듣지 않으면 아이의 생각을 알 수 없다. 아이의 마음에 마중물을 흘려보내 더 큰 생각을 만들어 낼 수 있는 좋은 방법이 바로 하브루타다. 맑고 깨끗한 물을 흘려보내 줄 것인가? 아니면 탁하고 오염된 물을 흘려보낼 것인가? 이를 결정하는 것은 부모의 선택이다.

아이를 둘 이상 기르는 부모라면 누구나 한 번쯤은 아이들의 싸움 때문에 난처한 경험을 해 봤을 것이다. 나도 마찬가지다. 아이들의 성격이 서로 달라 싸우는 일이 잦다. 잘 놀다가도 어느 순간 "아야!" 하는 둘째의 소리가 들리면 큰아이가 때렸나 하는 오해를 먼저 했다. 상황을 들어보면 큰아이만의 잘못은 아니었다. 하지만 나는 우선 큰아이에게 먼저 잔소리를 했다.

그러던 어느 날 아이들끼리 놀던 중 큰아이가 장난감을 바닥에 내동댕이치는 게 아닌가? 나는 깜짝 놀라서 말했다.

"별아, 우리 물건을 던지는 건 안 하기로 약속했는데?"

"엄마, 알고 있어요. 그런데 저한테 약속 이야기하기 전에 왜 물건을 던졌는지부터 물어봐야 하는 거 아니에요?"

나는 잠시 멈칫했다가 이내 아이에게 왜 장난감을 집어 던졌는지 물어보았다. 아이는 이렇게 말했다.

"우주가 장난감을 빌려 준다고 하더니 혼자서만 놀고 나한테 안 주잖아요. 그래서 속상해서 그랬어요. 그런데 나도 그렇게 하면 안 되는 걸 알아요."

나는 아이의 대답에 두 번 놀랐다. 첫 번째로는 자신의 의사를 또렷이 말하고 있는 것에 놀랐고, 두 번째는 아이가 이미 알고 있으면서도 자신의 감정 상태를 조절할 수 없어서 격하게 표현하게 된 것임을 알게 되어서 놀랐다.

나는 아이에게 먼저 물어보지 않아서 미안하다고 사과했다. 그리고 화가 났을 때는 어떻게 하면 좋을지에 대해 이야기했다. 먼저 아이에게 어떻게 했으면 좋겠느냐고 물었더니, 엄마가 안아 주었으면 좋겠냐고 내답했다. 큰아이는 동생이 생신 후로 어선한 마음이 드는지 유독 자주 안아 달라고 한다. 이번에도 화를 가라앉히는 방법으로 안아 주는 것을 원해서 그러기로 했다. 앞으로는 화가 나면 엄마에게 먼저 말해 주고, 엄마는 꼭 안아 주기로 약속했다.

아이는 자신의 마음을 알아주는 엄마 덕분에 마음이 풀렸는지 언제 싸웠냐는 듯이 동생과 금방 어울려 놀았다. 참으로 신기했다. 아마 왜 그랬느냐고 화를 내고 야단을 치고 나무랐더라면 그렇게 금방 다시 놀지 못했을 거라는 생각이 들었다. 아이에게 먼저 물어보지 않았더라면 아이는 마음을 닫고 오랫동안 상처에서 헤어나오지 못했을 것이다.

하브루타는 서로 논쟁하는 것이 아니라 관점을 넓혀 주는 것이다. 《탈무드》에는 "귀는 둘이니 듣기를 두 배 더하라."라는 말이 있다. 왜 듣는 것을 강조했을까? 대화를 하거나 생각을 하거나 토론을 할 때도 듣기는 매우 중요하다. 인공지능과 함께 살아갈 우리 아이들은 더 이상 물건의 가격을 계산하거나 주문을 받거나 복사를 하거나 서류를 작성하는 데 시간을 많이 쓰지 않을 것이다. 대신 메신저를 사용해서 내용을 전달, 공유하거나 바로 영상통화를 하거나 자신의 생각과 의견을 끊임없이 누군가와 나누는 일을 하게 될 것이다. 커뮤니케이션 능력, 대화 능력, 사회성 등 모든 것들이 질문과 경청에서 시작된다.

아이에게 처음부터 리더가 아닌 사람이 되라고 말할 수 있는 사람이 얼마나 될까? 우리는 아이에게 최고가 되라고 이야기한다. 그런데 유대인은 최고가 되라고 가르치지 않는다. 저마다 유일한 존재로 남과 구별되는 존재가 되라고 가르친다. 존재하는 것만으로도 충분히 특별하고 놀라운 아이임을 알려 주고 각자가 가지고 있는 재능을 발굴해서 잘하는 것을 더 잘하게 하는 것, 자신이 잘하는 것을 알게 하기 위해 생각을 먼저 하게 하는 것이 내가 하브루타를 접하면서 알게 된 것들이다.

내 평생의 연구 주제를 하브루타로 정해야겠다고 생각한 이유이기도 하다. 나는 지금은 좋은 엄마가 되고 싶고, 추후에는 훌륭한 할머니가 되고 싶다. 하브루타를 하나씩 나에게 먼저 적용해 가면서 스스로도 얼마나 성장하고 있는지 뿌듯하다.

하브루타의 핵심은 질문하는 것과 경청하는 것이다. 질문을 하고 경청을 해야만 짝의 의견을 잘 수용하고 이해할 수 있다. 그리고 이를 근거로 해서 다시 이야기를 할 수 있는 것이다. 하브루타를 통해 아이들은 인생에 질문하고 답하고 자신의 생각을 스스로 고민하면서 남과 다른 자신만의 관점을 키워 나가게 될 것이다.

아이에게 다양한 관점에서 생각하고 다가올 미래에 대비할 지혜를 전해 주고 싶다면 하브루타를 실천해야 한다. 사랑하는 아이의 관점을 넓혀 줄 수 있는 질문을 하고 아이의 말을 잘 들어 주는 것이 시작이다.

많은 질문을 하기보다
다르게 하라

뛰어난 사람은 두 가지 교육을 받고 있다. 그 하나는 교사로부터 받는 교육이요,
다른 하나는 자기 자신으로부터 받는 것이다.

· 《탈무드》 중에서 ·

다른 질문이란 무엇일까? 신경을 쓰지 않으면 질문이 달라지기 어렵다. 질문이 추궁이 되지 않도록, 하나의 질문을 하더라도 다르게 하면 아이는 훨씬 더 많은 생각을 할 수 있을 것이다.

전성수 교수의 《부모라면 유대인처럼 하브루타로 교육하라》라는 책에서 그 답을 찾을 수 있다. 다름은 어디서 시작되는가. 유대인 아이들은 어릴 때부터 책을 쉽게 접하는 환경에서 자란다. 유대인 부모들은 책을 읽으라고 강요하지 않는다. 식탁에서 나누는 대화나 잠들기 전 들려주는 옛날이야기들이 책을 펼치게 만들어 줄 뿐이다. 특히 부모의 흥미로운 질문은 아이를 책으로 이끄는 아주 훌륭한 길잡이다. 아주 어릴 때부터 책을 접하는 환경이 주어지기 때문에 가능한 것이지, 어느 날 갑자기 아이에게 질문을 한다고 해서 아이가 책을 펼쳐 들지는 않을 것이다.

"어떻게 하면 질문을 통해 아이가 더 많은 호기심을 가질 수 있게 될까?"

호기심이야말로 자신의 의지로 책을 펼쳐 보게 하고 생각을 하게 하는 시발점이 되는 진정한 내적 동기다. 유대인 부모는 아이가 질문하지 않거나 스스로 책을 찾지 않을 때는 질문하는 방법을 바꾼다고 한다. 아이가 좀 더 흥미를 가질 만한 질문을 찾아서 아이의 호기심을 자극해 주는 것이다.

유대인은 끊임없이 질문하는 민족의 전통과 습관을 가지고 있지만 우리는 그렇지 않다. 우리 아이에게 이러한 시도를 하는 것이 쉽지만은 않을 것이다. 그래도 포기하지 않는다면 조금씩 변할 것이다. 평소 독서를 많이 해야 하는 이유도 이와 같다. 배경지식 없이 창의성이 나오기는 힘들기 때문이다. 유대인은 다양한 차이를 존중하고 다양성을 중요시한다. 유대인은 100명이 모이면 100개보다 더 많은 의견이 있다고 생각한다. 모두가 당연하다고 생각하는 일에 끊임없이 질문을 하고 그로 인해 자신만의 독창적인 생각을 만들어 가는 것이다.

다른 질문을 하기 위해 나도 우리 아이들에게 질문을 고민해서

던졌다. 그랬더니 처음에 돌아오는 대답은 "몰라.", "엄마, 왜 자꾸 물어보고 그래요?"였다. 반성이 되었다. 그동안 내가 얼마나 질문을 하지 않았으면 우리 아이가 이렇게 답변할까. 아직 어린 우리 아이들에게는 지식을 넣어 주는 것보다 그림책을 보고 재미있을 법한 질문을 하고 아이의 대답을 들으며 함께 웃는 순간을 만들어 가는 것이 필요하다. 아이와 부모가 함께 아이만을 위한 시간을 보내면서 완성해 가는 것이다.

내 여동생은 화가다. 보통 작품을 그리면 나에게 감상을 묻는데, 나는 순수예술에 대해 잘 몰라서 깊은 감상을 하기 어렵다고 했다. 그런데 어느 날 여동생이 이런 말을 했다.

"나는 내 작품이 만나는 사람마다 그 사람과의 교감으로 완성된다고 생각해. 언니의 감상평이 도움이 될 때가 많아. 작품은 다 그렇게 살아 있는 존재라고 생각해."

책을 쓰면서 이 말이 깊이 있게 다가왔다. 세상에 같은 것은 없다. 우리는 이미 매우 특별한 존재들이다. 오히려 그동안 다른 사람과 같아지려고 노력했던 것은 아닌지 반문해 본다. 내가 책을 쓰는 이유는 당신이 아이와 함께하는 시간을 늘려야겠다는 다짐을 하게끔 만들고 싶어서일 수도 있고, 하브루타에 관심을 가지게끔 하는 것일 수도 있다. 이것은 씨앗이다. 우리가 우리 아이에게 질문으로 심는 창의성처럼 이 책으로 당신의 마음에 하브루타라는 씨앗을 심게 되기를 바란다.

부모는 예술가와 마찬가지다. 아이의 우주를 어마어마하게 확장시키거나 파괴해버릴 수도 있는, 어떤 아티스트와 견주어도 비교 불가능한 중요한 일을 하는 사람이다. 스스로의 가치와 영향력을 어떻게 생각하느냐에 따라 부모도 육아의 원동력을 가지게 된다. 여기서 육아란 아이에게 어떤 지식을 넣어 주거나 말을 빨리하게 하거나 한글을 빨리 떼거나 수십 수백 권의 책을 읽히라는 것이 아니라 아이와의 관계를 만들라는 이야기다.

같은 공간에만 있는 것이 아니라 정서적으로 교류할 수 있는 시간을 가져야 하고 아이의 이야기를 들어 주는 시간을 가져야 한다. 양이 아니라 질적으로 좋은 관계를 만들기 위해서 노력해야 한다. 이러한 노력들이 쌓여 아이에게 호기심을 길러 줄 수 있고 진정한 성장을 하게끔 만들 수 있다. 시간이 없다면 하루 10분만이라도 시작해 보자. 뭔가를 가르치려고 하지 말고 아이의 이야기를 들어 주며 그다음 질문은 어떻게 할까 고민하자.

질문을 많이 하는 것이 무조건 중요하고 좋은 것은 아니다. 아이에게는 부모의 관심과 사랑으로 호기심을 느끼게 해 줄 수 있는 다른 질문이 필요하다. 유대인은 최고가 아니라 유일한 사람이 되라고 가르친다. 우리 아이는 남과 구별되는 존재가 되어야 한다.

아이마다 가지고 있는 독특한 재능과 고유한 생각을 키워 주자. 이미 더 새로울 것이 없는 시대에 남과 다른 생각을 할 수 있도록 아이에게 다른 질문을 해 보자.

진심으로 이해하고 공감하라

아이들은 어른들의 말에 절대 귀 기울이는 법이 없지만 반드시 그들을 모방한다.

· 제임스 볼드윈 ·

이해와 공감은 뭐가 다를까? 이해란 사리를 분별하여 해석하는 것이다. 공감이란 남의 감정, 의견, 주장 따위에 대하여 자기도 그렇다고 느끼는 기분을 말한다. 이 두 개의 차이는 뭘까? 아이를 이해한다는 것은 아이가 실수를 했을 때 충분히 그럴 수 있다는 마음을 가지고 있는 것을 말한다. 공감은 건성으로 할 수도 있고 진심으로 할 수도 있는데, 아이들은 기가 막히게 안다. 부모가 진심인지, 아닌지.

나는 건성으로 이해하는 척하고 공감하는 척해서 오히려 아이에게 상처를 준 적이 있다. 그래서 진심으로 이해하고 공감하는 부모가 되라는 말이 참 아프다. 또한 육아는 잠깐 하는 것이 아니라 계속 그 상태를 유지해야 하므로 스스로 마음을 단단히 세우기 전에는 많이 흔들렸다. 화도 냈다가 내가 하는 일이 바쁘다고 아이를 그냥 지나친 적이 얼마나 많았을까. 아이가 받았을 마음의 상처도 무척 컸을 것이다. 그런데 왜 내가 깨닫기 전까지는 아이를 진심으로 이해하고 공감하는 게 그렇게 어려웠는지 모르겠다.

부모교육이 그 어느 때보다도 필요한 시대다. 아이들도 쉽지 않은 시대를 살아가고 있지만 부모도 마찬가지다. 어떻게 하는 게 아이를 위한 것인지 매번 고민하고 실수하며 시행착오를 겪는다. 자신의 아이를 사랑하지 않는 사람은 아마 없을 것이다. 그런데 육아를 하면서 매순간마다 아이를 진심으로 사랑하기는 어렵다. 화도 나고 속상하기도 하고 내가 힘들 때는 마냥 아이만 생각해주기가 여간 쉬운 일이 아니다.

우리 집은 경기도에 위치한 전원주택이다. 처음 집을 지을 때 사람들이 '집을 지으면 10년은 늙는다'고 했다. 왜 그런 이야기를 하는지 몰랐는데 여러 과정을 거치며 그 말의 의미를 알게 되었다. 사기를 당하게 되면서 어떻게 해야 할지 몰라 망연자실했다. 그래도 결국 좋은 업체를 만나 우여곡절 끝에 집을 짓게 되었다.

하지만 그 과정에서 나는 참 외로웠다. 남편은 집을 짓기 위해 여기저기 대출과 기타 사항들을 알아보러 다녀야 했고, 나는 시공사부터 다시 찾아야 했다. 그러다 보니 한껏 예민해져 서로에게 공감하기가 힘들어졌다. 많이 싸우기도 했다. 그때는 이상하게 이해하고 싶은 생각도 들지 않았다. 왜냐하면 내 입장만 생각했기 때문이다. 내가 얼마나 힘든데, 당신만 힘든 거 아니라는 생각으로 독이 잔뜩 올랐다. 지금 생각해 보면 참 미안하다. 그래도 남편과 나는 그때 많이 성장했다. 힘든 시기를 겪으면서 서로에게 상처를 주기도 했지만 그 과정에서 성장하고 서로를 보듬어 주며 지지해 주게 되었다.

인간은 타인을 완벽히 이해하기 어렵다. 때문에 아이에게 진심으로 공감하고 이해하는 것은 쉽지 않은 일이다. 잘 공감이 되지 않을 때는 '왜 저런 행동을 하는 것일까'에 대해 아이의 입장에서 생각해 보면 조금 이해가 될 것이다. 아이에게 무슨 일이 있는지 차분하게 이야기를 들어 주자. 그럼 지금 당장 이해와 공감이 안 되더라도 아이의 입장을 헤아릴 시간을 가질 수 있고, 그 상황을 생각함으로써 결국은 아이를 이해할 수 있게 된다.

부모의 마음이 달라져야 아이들에게 진심 어린 이해와 공감을 전할 수 있다. 긍정적이고 좋은 진심을 가지지 못한 사람은 없다. 다만, 그 진심을 평상시에 아이들과 부딪히면서 어떻게 꺼내느냐가 중요하다고 생각한다.

육아는 요리와 같다. 한 가지 양념만으로는 맛을 낼 수 없듯 육아도 상황마다 필요한 훈육방법이 있다. 그러한 상황을 구분하는 것이 부모의 감정이 아니라 깊은 진심이면 더 좋을 것이다. 감정적인 상태에서 상황을 판단하는 것은 피해야 한다.

그럼 우리 마음의 진심은 어떻게 찾아야 할까? 부모의 진심이란 아이를 사랑하는 마음, 아이가 행복하길 바라는 마음, 그리고 제대로 성장하길 바라는 마음일 것이다. 이 마음을 찾는 것이 생각처럼 쉽지 않다는 것이 문제다. 진심을 찾으려면 스스로 자신이 얼마나 중요한 위치에 있는지 인지해야 한다. 나는 스스로 내가 우리 집에서 참 중요한 사람이라는 생각을 한다. 엄마인 나로 인해서 우리 가족의 하루가 결정되기 때문이다. 내가 웃으며 시작하면 하루가 행복하고, 짜증내면서 시작하면 하루 종일 나쁜 기분이 지속된다. 스스로 중요한 사람, 귀한 사람이라는 생각을 하면 행동에도 변화가 나타난다.

부모는 신이 아니다. 그래서 한 인격체를 온전히 진심으로 이해하고 공감하는 것이 쉽지만은 않다. 그럼에도 불구하고 아이를 진심으로 이해하고 공감해야 하는 이유는 무엇인가? 건성으로 공감하고 이해하면 그 마음이 그대로 전달된다. 아이들은 이해와 공감을 얻어야 제대로 성장할 수 있다. 다른 어떤 이보다 부모의 이해와 공감이 필요하다. 진심으로 이해하고 공감하는 부모가 되기 위해 당신의 온 마음을 쏟아 보자.

부모가 함께 책을 읽고 질문하고 토론하라

교육이란 화를 내지 않고, 자신감을 잃지 않으면서도
거의 모든 것에 귀 기울일 수 있는 능력이다.

· 로버트 프로스트 ·

여섯 살부터 제법 한글을 읽을 수 있었던 우리 딸은 일곱 살이 되면서부터는 혼자서 책을 읽을 수 있을 만큼 한글에 대한 이해가 높아졌다. 그러다 보니 책을 읽어 달라는 아이에게 혼자서 읽어 보라고 하게 되었다.

"엄마. 나 책 읽어 주세요."

"엄마도 이것 좀 해야 돼서. 잠깐만 혼자서 읽고 있을래?"

아이가 정말 글을 읽지 못해서 읽어 달라고 한 것이 아니었음을 그때는 몰랐다. 엄마와 함께 시간을 보내고 싶었던 것인데 그 마음을 알아주지 못해서 미안하다. 그저 혼자 할 수 있으니 혼자서 하라고 해야겠다고 생각했을 뿐이다.

학자마다 의견은 다르지만 대체로 13세 전후까지는 부모가 책을 읽어 주는 것이 좋다고 한다. 그 이후에라도 아이가 읽어 달라고 한다면 읽어 주어야 한다고 생각한다. 나도 지금은 아이가 읽어 달라고 하면 꼭 읽어 준다. 만약 일이 급하다면 이렇게 이야기한다.

"별아. 엄마가 지금 꼭 해야 하는 일이 있는데 우리 별이가 책을 읽어 달라고 하니까 엄마가 한 권만 먼저 읽어 줄게. 그러고 나서 나머지는 엄마가 일을 끝내고 읽어 줄게."

"다 읽어 주면 안돼요?"

"별아, 엄마가 지금 이 일을 하기로 약속을 했거든. 별이도 선생님하고 한 약속은 지켜야 하지? 엄마도 지켜야 하는 약속이야. 그래도 별이에게 엄마가 책을 왜 읽어 주려고 하는지 알아?"

"잘 모르겠어요."

"엄마는 우리 별이가 세상에서 제일 소중하거든."

처음에는 이렇게 이야기해도 책을 계속 읽어 달라고 조르기도 했다. 화를 내지 않는 것이 나도 처음에는 힘들었지만 아이가 알아들을 수 있을 때까지 설명해 주는 것이 필요하다는 것을 알게 되었다. 아이가 자신의 감정을 존중받고 있다는 사실을 알려 주는 것이다. 그래서 나는 아이를 꼭 안아 주기도 했고, 한 권만 읽어 준다고 하면서도 두 권을 볼 때도 있었다. 그러자 차츰 아이도 내가 일이 있다는 것을 인지하기 시작했고, 나도 아이와 있을 때는 가능하면 일을 하지 않으려고 노력했다.

유대인들은 산아제한을 하지 않기 때문에 많은 형제자매들 사이에서 자라난다. 엄마는 한 사람인 데 반해 엄마의 사랑을 원하는 아이들이 많다 보니 아이의 마음을 알아주고 기다려 주는 게 매우 중요하다. 아이들이 자신의 요구사항을 말하면 유대인 어머니는 인내심을 가지고 그것을 해결해 준다. 아이와 어머니는 대가족 사이에서 어떻게 사랑을 요구하고 주어야 하는지 서로에 대해 잘 이해하고 있다.

우리 부모님 세대만 하더라도 셋 이상의 형제자매, 그리고 조부모와 함께 사는 게 특별한 이야기는 아니었다. 하지만 요즘 아이들은 핵가족이 일반적이다. 나는 시부모님과 함께 살고 있다. 대가족으로 살아가는 것이 얼마나 도움이 되는지 모른다. 아이들을 보면 특히나 더 길 일 수 있다. 할아버지, 할머니, 엄마, 아빠, 누나와의 관계를 통해 둘째의 사회성은 정말 많이 발달했다. 본인의 기질도 작용했겠지만 눈치도 빠르고 가족 안에서 자신이 어떤 위치에 있는지 이미 알고 있는 것 같은 행동을 많이 한다.

아이들은 엄마에게는 책을 읽어 달라고 하고 할머니에게는 책을 읽어 준다. 엄마에게 서운함을 느끼면 할머니에게 안아 달라고 하기도 하고 엄마가 바쁘면 아빠나 할머니, 할아버지와 놀기도 한다. 부모가 책을 읽어 주는 것만으로도 아이는 정서적인 안정감을 느낀다. 아이는 책을 보며 자연스럽게 부모와 이야기를 하고 감정을 나눈다.

부모가 함께 책을 읽고 어떤 질문을 해야 할까? 질문과 답변의 범위는 어느 정도여야 할까? 그 범위는 우리가 정하는 게 아니라 아이가 정하는 것이다. 아이의 답변에 따라서 질문하는 내용이 달라지기 때문이다. 어린아이들은 질문이 어려우면 답변하기도 어렵다. 대신 재미나 흥미를 느낄 수 있는 질문을 하게 되면 재잘재잘 자신의 이야기를 풀어 놓는다.

자신의 아이가 많이 어리다면 우선 질문 한두 개로 시작하는 것도 나쁘지 않다. 그렇게 하다 보면 순식간에 다섯 개까지도 질문이 늘어날 것이다. 하브루타는 숙제가 되면 안 된다. 하브루타는 엄마 아빠와 함께하는 놀이이자 즐거운 시간이어야 한다. 그 시간은 아이들에게 '하브루타는 즐겁다'는 기억과 느낌을 남길 것이고 책을 읽고 이야기를 나누는 것을 점점 익숙하게 느끼게 될 것이다. 웅진북클럽 책 중에 《콩이는 뭘 하면 행복할까?》라는 책이 있다. 이 책은 행복에 대한 이야기를 풀어내고 있다. 나는 이 책을 읽고 아이와 이런 질문과 답변을 나누었다.

"별아, 우리 별이는 뭘 할 때가 가장 행복해?"

"엄마가 안아 줄 때."

"아, 엄마가 이렇게 안아 주면 우리 별이가 행복하구나?"

"네."

"알겠어. 엄마가 많이 안아 줄게. 또 어떨 때 행복해?"

"음. 아빠랑 놀 때요."

"그럼 행복이라는 게 뭘까?"

나는 아이의 생각을 열어 주고 행복이라는 추상적인 개념을 접할 수 있도록 해 주었다. 행복이란 매우 중요한 개념이다. 아이들에게 어떤 것을 할 때 행복한지 구체적으로 알려 주어야 그다음 단계로 나아갈 수 있다. 그 단계는 행복이란 나만을 위한 것이 아니라 함께 살아가는 사회에 긍정적인 영향을 미치는 것임을 알고, 그것을 위해 내가 할 수 있는 일이 무엇인지 생각해 보고 도전해 보는 것이다. 그것이 바로 인생의 한 걸음을 제대로 내딛는 것이 아닐까?

우리 아이들의 하루를 생각해 보면 참으로 안타깝다. 어린이집을 마치고 태권도나 피아노, 미술, 발레 학원 등에 다녀오면 저녁 6시 전후다. 초등학생이 되면 영어학원이나 수학학원, 논술학원이 추가되어 그보다 더 늦어질 가능성이 높다. 그러니 부모와 마주할 시간이 어디 있겠는가.

우리는 아이를 걱정하고 사랑하면서 정작 아이와 함께 보내는 시간은 어색해한다. 같은 공간에서 TV나 스마트폰만 보고 있다. 부모와 함께하는 시간이 아이가 가장 행복하게 성장할 수 있는 시간이다. 부모가 함께 책을 읽으면 그 모습을 보고 습관을 만들고 함께 질문하고 토론하면서 아이는 사랑받고 존중받는다고 느낀다. 당신의 아이를 진짜로 성장하게 하는 것은 당신과 함께하는 시간뿐임을 명심해야 한다.

결과가 아닌 과정과 노력을 칭찬하라

칭찬이라는 단어를 들으면 나는 고래가 떠오른다. 《칭찬은 고래도 춤추게 한다》라는 책 제목이 떠오르기 때문이다. 누구나 칭찬이 좋다는 걸 안다. 그리고 칭찬이 독이 된다는 것도 안다. 그럼 좋은 칭찬과 나쁜 칭찬을 구분해 보자. 칭찬을 받게 되면 아이는 칭찬받은 행동을 더 하고자 하는 마음이 생긴다. 그것을 '행동의 강화'라고 표현하기도 하는데, 중요한 것은 아이의 어떤 부분을 칭찬할 것인가 하는 것이다. 좋은 칭찬이란 아이가 하는 행동 중에서 좋은 의도로 한 과정에 대한 칭찬이고, 나쁜 칭찬은 노력 없이 얻어진 것에 대한 칭찬이다.

캐롤 드웩의 실험을 살펴보자. 한 그룹에서는 아이의 지능을 칭찬하고 다른 그룹에서는 아이의 노력을 칭찬했을 경우 아이들의 반응에 대한 이야기다. 아이들에게 어려운 문제와 쉬운 문제 중 하나를 선택하라고 했을 때 지능을 칭찬받은 아이들의 70%가 쉬운 문제를 선택했다. 반면 노력을 칭찬받은 아이의 90%가 어려운 문제를 선택했다. 지능을 칭찬받은 아이들은 '나는 머리가 좋은 아이'라는 타이틀을 잃는 것을 걱정했고, 노력을 칭찬받은 아이들은 '나는 도전하는 아이'라는 것을 증명하고 싶어 했던 것이다.

노력을 칭찬받은 아이들은 자신이 얼마나 열심히 도전하는지 알리고 싶어 했고, 틀리는 것이 나쁜 것이 아니라 자신이 발전하고 있는 과정이라는 것을 보여 주고 싶어 했지만, 지능을 칭찬받은 아이들은 점수를 속여서라도 자신의 이미지인 '머리 좋은 아이'로 보이길 원했다.

그렇다면 아이들을 어떻게 칭찬하면 좋을까? 소아신경과 전문의 김영훈 교수가 추천하는 방법이 있다.

1. 중요한 것은 관심이다.

2. 칭찬은 긍정적으로 하라.

3. 과정과 노력을 칭찬하라.

4. 용기를 주어라.

5. 칭찬보다는 위로와 격려가 필요하다.

6. 기대하고 지지해 주자.

아이들은 가족, 특히 주 양육자의 관심을 받기를 원하는데 이것은 기본적인 욕구다. 유대감에 대한 욕구는 반드시 채워져야 한다. 심리학자들은 주변에서 정의하는 대로 자아가 발달한다고 주장한다. 즉, 우리 아이가 적극적이라고 말한다면 그 말을 들은 아이는 본인이 적극적이라고 무의식적으로 생각하게 된다는 것이다. 그렇지만 부모에게 우리 아이는 소극적이라 걱정이라는 말을 듣게 되면 스스로 소극적이라고 정의해 그렇게 행동하게 된다. 그래서 아이들에게 칭찬을 할 때는 긍정적으로 해 주는 것이 매우 중요하다. 결과가 아닌 과정에 대해 칭찬해야 한다. 구체적으로 한 행동에 대해 칭찬해 주는 것인데, 예를 들어 첫째 아이에게 "동생과 싸우지 않고 잘 놀아 주었구나."라고 말한다면 또 칭찬을 받기 위해 동생과 좋은 관계를 유지하려고 노력할 것이다.

아들러 심리학에서는 아이를 나무라지 말고 칭찬하지도 말고 '용기를 주라'고 권한다. 용기를 준다는 것은 아이가 자신의 발달 과업 또는 자신이 원하는 미래에 대해 도전할 수 있도록 지원해 준다는 뜻이다.

용기를 주기 위해 아이에게 해 주어야 할 말은 바로 "고마워." 이다. 이 말을 들으면 아이는 자신의 존재에 대해 주목할 수 있게 된다. 아이가 맞닥뜨리는 많은 상황에 무턱대고 칭찬하기보다는 위로와 격려를 해 주어야 한다. 아이들 스스로 자신의 길을 경험하게 하고 틀리거나 실패하더라도 견뎌낼 수 있는 마음을 가지게 되는 비결이다. 아이의 시행착오를 조급하게 바라보지 말고, 스스로 할 수 있도록 기다려 주면서 칭찬해 주자.

아이에게 무엇을 기대하는지 이야기해 주고, 아이가 하고 싶은 일을 찾아 그 분야의 사람들과 다양한 체험을 할 수 있게 해 주자. 성공한 사람들의 스토리를 알게 되면 아이도 진로에 대해서 구체적으로 생각할 뿐만 아니라 자신의 꿈도 이루고 싶다는 내적 동기도 생기게 된다.

아이에게 질문을 하고 대답을 기다리는 과정에서 우리가 칭찬할 것은 얼마나 많을까? 구체적으로 칭찬하려면 아이의 의도를 찾아내야 한다.

"별아, 엄마의 질문에 대답해 주려고 이렇게 생각하고 있는 거야? 이야, 멋진데?"

"그렇게 대답해 주니 엄마가 우리 별이 생각을 알 수 있네. 우리 별이 생각을 알려 줘서 너무 고마워."

"모른다고 네 감정을 엄마한테 솔직히 이야기해 줘서 고마워."

"별아, 엄마한테 질문한 거야? 이야, 엄마 이야기를 잘 듣고 질문해 줘서 고마워."

"별이가 그렇게 질문해 주니까 엄마가 미처 생각해 보지 못했던 것까지 생각할 수 있었네. 고마워."

이렇게 하나씩 구체적으로 아이의 마음을 읽으며 칭찬해 준다면 아이는 자신의 존재를 엄마가 존중해 주고 인정해 준다는 것을 알 수 있다.

칭찬의 중요성을 알게 해 주는 이야기가 있다.

옛날 어느 마을에 박색인 여자가 살고 있었다. 그런데 한 남자가 이 여자와 결혼하겠다고 소를 10마리나 지참금으로 가지고 왔다. 여자의 집안에서는 환영하며 딸을 시집보냈다. 결혼하고 나서 10년 동안 매일 남자는 여자에게 이런 말을 했다.

"여보, 나는 당신이 너무 아름답기 때문에 소를 10마리나 주고 데려온 것이라오. 나와 결혼해 주어서 고맙소."

10년 후 그 여자는 동네에서 가장 아름다운 사람이 되어 있었다.

누군가를 아름답게 하는 것은 바로 사랑하는 사람의 칭찬과 인성이다. 신화 속 피그말리온 효과도 나를 바라보는 상대방의 시선과 평가가 매우 중요하다는 것을 알려 준다.

자녀는 부모의 칭찬 속에서 성장한다. 부부도 서로의 인정과 칭찬 속에서 성장한다. 아직 어린 우리의 아이들은 우리가 보여 주고 알려 주고 전달하는 긍정적인 에너지로 사랑스럽고 자랑스럽게 자라날 수 있다.

기억에 남는 칭찬이 있는가? 나는 부모가 되고 나서 내 아이들에게 받은 칭찬을 잊을 수 없다. 딸아이가 어느 날 이렇게 말했다.

"엄마, 겨울에 나 낳아서 키우느라 너무 힘들었겠다. 고마워."

그때 느꼈던 기분을 뭐라고 표현해야 할까. '이 기분을 잊지 않을 수 있다면 나는 평생 좋은 엄마일 텐데'라는 생각이 들었다. 칭찬에는 사람을 바꾸는 힘이 있다. 당신의 아이가 질문을 잘하기를 바라고 토론을 잘하기를 바란다면 긍정적인 칭찬을 해 주자. 진심을 담아 칭찬한다면, 그대로 아이가 자라는 기적을 만날 수 있을 것이다.

PART

5

하루타는
아이에게 줄 수 있는
가장 큰 선물이다

하브루타로 가족 문화를 만들어라

물고기 한 마리를 주면 그를 하루 동안 배부르게 할 수 있을 것이다.
그러나 물고기 낚는 법을 가르치면 그의 평생을 배부르게 할 것이다.

· 《탈무드》 중에서 ·

    인간의 욕구는 생물학적 욕구와 사회·심리학적 욕구로 크게 구분할 수 있다. 그중에서도 어느 한 집단에 소속되고자 하는 욕구는 매우 중요하다. 이 욕구는 결국 사회생활에서 사람의 행동을 결정하는 중요한 요소가 되기 때문이다. 자신이 소속된 집단이 가지고 있는 가치에 영향을 받게 되는 것이다.

    자유롭기를 바라지만 어딘가에 소속되고 싶은 우리 아이들을 위해 가족의 문화를 만들어 보자. 가족끼리 소속감을 만들어 보는 것이다. 소속감이란 구성원이 같은 가치와 신념을 공유하면서 생겨나는 감정이다. 이를 통해 서로 연결되어 있다고 느끼는 것이다. 가족의 문화를 통해 건강한 소속감을 가지게 된 아이들이 사회에서 어떤 일을 결정할 순간에 스스로 긍정적인 선택을 하게 된다면 더 바랄 것이 없을 것이다.

자, 우리도 골든 서클을 활용해 보자. '왜' 가족의 문화가 필요한지 알게 되었다면 그다음에는 우리 가족만의 '어떻게'를 만들어 보자. 여기서 우리가 얻게 될 것은 무엇일까? 서로에 대해 조금 더 알게 될 것이고 결국 포기하지 않고 이 과정을 완수한다면 가족만을 위한 독특하고 유니크한 '어떻게'를 만들게 될 것이다. 그리고 가족의 소속감은 더욱 단단해질 것이다.

나는 우선 이 일을 하기 위해 남편에게 도움을 요청했다. 내가 읽은 책들과 이유를 설명하고 우리 가족만의 문화가 필요하다는 것을 피력했다. 그리고 남편에게 가장 큰 지지를 받고 싶다는 것도 덧붙였다. 남편은 예상외로 선뜻 그러한 문화가 필요하다는 것을 인정했다. 그러나 문제는 '어떻게'였다. 우리에게는 어떤 가족의 문화가 필요한 것일까?

남편은 이 부분에 대해서 좀 더 생각을 해보자고 했다. 단숨에 끝날 수 없는 일이라고 말이다. 그래서 우리는 서로 어떤 문화가 필요한지에 대해 충분히 생각해 보고 그 이유에 대해 토론하기로 했다.

나는 남편과 같은 목적을 위해 대화를 나누고 소통하는 과정 자체가 기분 좋게 느껴졌다. 남편도 새로운 도전이라도 하는 듯이 눈빛에 생기가 돌았다. 남편은 호승심이 아주 강한 사람이다. 한 번 뭔가를 시작하면 절대 중간에 포기하지 않는다. 나는 기대감에 마음이 설레었다. 아주 거창한 '어떻게'가 아니더라도 남편의 실행력과 포기하지 않는 마음이라면 분명히 우리 가족에게 많은 도움이 될 것이라고 믿었기 때문이다.

유대인에게는 주목할 만한 여러 문화가 있다. 물론 하브루타도 그러하다. 그리고 앞에서 언급했던 자선과 배려의 경제교육 쩨다카가 있다. 마지막으로 이스라엘의 '후츠파 정신'이 있다. 이것은 유대인의 창업정신이라고도 할 수 있는데 '후츠파(chutzpah)'는 히브리어로 뻔뻔함, 담대함, 저돌성, 무례함 등을 뜻한다. 어려서부터 어떤 형식이나 권위에 얽매이지 않고 끊임없이 질문하고 도전하며 때로는 뻔뻔하리만치 자신의 의사를 당당히 밝히는 이스라엘 특유의 도전정신을 가리키는 것이다.

이 세 가지가 내가 유대인의 문화에서 가장 감동받은 것들이다. 하브루타는 쩨다카, 후츠파와 어우러져서 결국 유대인으로 하여금 세계의 슈퍼리치 100인 중 20%, 역대 노벨상 수상자의 20% 이상을 차지하게 하는 결과를 만들어 낸 것이다.

우리 아이들을 위한 가족의 문화를 만드는 것이 쉽지 않더라도 포기하지 말자. 그리고 꼭 그 고비를 넘어서서 아이들과 함께 원하는 미래를 만들기 위해 도전해 보자. 그 시작은 부모인 우리만

이 할 수 있다.

딸아이와 함께 호텔에서 1박을 한 적이 있었다. 그후로 아이는 호텔을 좋아하게 되었다. 전 세계의 호텔에 가 보는 것이 꿈이라고 한다. 놀랍지 않은가? 그저 호텔에 가 봤을 뿐인데 그 경험과 기억은 아이에게 세계의 모든 호텔에 가 보고 싶은 꿈을 꾸게 했다.

남편과 나는 크루즈 여행을 계획하고 있다. 〈권마담TV〉라는 유튜브 채널에서 크루즈 여행에 대한 영상을 처음 본 순간 나는 꼭 크루즈를 가야겠다고 마음먹었다. 아이는 세계의 호텔에 가 보는 게 꿈이지만 나는 크루즈 여행 작가가 되는 게 꿈이라서 아이와 함께 크루즈 세계일주를 계획하고 있다. 이를 위해 우리는 가족 문화의 주제를 여행으로 정했다. 그리고 열심히 서로 질문하고 대화하기 시작했다.

- 크루즈 여행은 왜 생겼을까?
- 누구를 위해 생겼을까?
- 왜 크루즈 여행을 하려고 하는가?
- 크루즈 여행에서 제일 해 보고 싶은 것은?
- 방문하고 싶은 나라는?
- 그 이유는?
- 호텔도 점수가 있는데 어떤 호텔에 가 보고 싶은지?

- 크루즈 여행을 가기 전에 호텔에 가는 것도 괜찮은지?

- 크루즈 여행 중에 기항지 호텔을 방문하는 게 가능한지?

- 기항지에서 제일 해 보고 싶은 것은?

- 방문하는 나라에 대해서 무얼 알고 가면 좋을까?

- 크루즈에서 꼭 말해 보고 싶은 외국어는?

- 크루즈에서 꼭 참여해 보고 싶은 액티비티는? (공연, 파티, 암벽등반, 온수풀, 쇼핑, 뷔페 등)

우리는 가족 하브루타 시간을 함께하는 취미이자 공유하는 가족의 문화로 만들고 이와 관련된 책을 읽기로 했다. 예를 들어 영국에 대해서는 딸아이가 우리보다 더 많이 알고 있었다. 그래서 같은 책을 읽는 것이 매우 흥미로웠다. 문화이자 가족 프로젝트가 된 크루즈 세계여행을 준비하는 과정을 어떻게 하면 즐겁고 재미있게 기록으로 남길 수 있을까 생각해 보았다. 우리는 유튜브로 촬영하고 스크랩북을 만들기로 했다. 이 얼마나 흥미롭고 생동감 있는 과정인가? 아이는 유튜브를 무척 찍고 싶어 했다. 그래서 직접 크리에이터가 되는 것이 아이에게 더욱 긍정적인 에너지를 줄 것이라는 확신이 들었다.

같은 책을 읽고 같은 주제로 질문하고 토론하는 문화를 만드는 것은 우리 아이들의 가치관을 지키고 살아가는 데 필요한 현명한 지혜를 만들어 줄 것이다. 지금 아이들의 문화를 다 공감할 수는 없지만 가족이 공유하는 소속감, 그리고 문화가 우리 아이들의 정서를 지켜 줄 것이다. 함께 만들어 가는 프로젝트를 위해 읽고 탐구하고 정보를 나누며 다양한 활동을 하면서 우리만의 콘텐츠를 만들어 갈 것이다. 그러한 시간과 경험이 우리 아이들이 건강한 가치관을 형성하는 데 긍정적인 영향을 주게 될 것이다. 그리고 결국 그 문화가 아이들의 생각과 결정을 현명하게 이끌어 줄 것이다.

토론은 관점과 생각을 넓혀 준다

받은 교육에 따라서 인간이 달라지는 것이지 본래 인간에게 종류가 있는 것은 아니다.

· 《논어》 중에서 ·

　당신의 관점은 당신을 정의하고 만든다. 나의 관점은 얼마 전까지는 그저 두 아이의 엄마였다. 그런데 하브루타라는 인생의 주제를 만나고 책을 쓰기 시작하면서부터 관점이 달라졌다. 당신은 당신의 한계를 어디로 정해 놓고 있는가? 훌륭한 스승 밑에는 훌륭한 제자가 있는 법이고, 위인들에게는 항상 훌륭한 부모나 스승이 있었다. 결코 혼자 스스로 아무런 영향도 받지 않고 저절로 잘되지는 않는다. 이런 이야기를 하는 이유는 당신이 스스로의 관점을 넓히고 달라져야 좋은 부모가 될 수 있다는 것을 말하고 싶어서다.

　나는 책을 쓰기 위해 혼자 노력해 봤지만 쉽지 않았다. 그래서 멘토를 찾기 시작했다. 책 쓰기에 대해 이것저것 검색해 보고 여러 책을 읽어 본 뒤, 23년 동안 200여 권의 책을 펴낸 김태광 대표 코치가 운영하는 〈한국책쓰기1인창업코칭협회(이하 한책협)〉를 선택했다. 〈한책협〉에서는 책을 쓰는 방법뿐만 아니라 성공에 대한 관점을 바꾸는 의식 성장에 대한 수업도 이루어지고 있다. 나는 그곳에서 김태광 대표 코치를 멘토로 삼고 책을 쓰면서 내면과 생각이 넓어지는 뜻깊은 경험을 했다. 그리고 이 경험을 발전시켜 좋은 부모가 되고 싶다는, 반드시 되고 말겠다는 강한 동기부여를 얻었다.

당신은 이 책을 그냥 읽고 지나칠 수도 있고 내게 직접 물어보고 싶다는 생각이 들었을 수도 있다. 어떤 사람이 행동하게 될까? 궁금증을 가지고 내적 동기가 있는 사람이 행동하게 된다. 그리고 그 사람은 결국 자신의 목표를 이루게 될 것이다.

나는 엄마이기에 아이를 잘 키우고 싶었다. 그런데 현실은 생각처럼 쉽지 않았다. 나는 그런 현실에 안주했다. 남들처럼 나도 힘들다고만 생각했다. 아이에게 소리를 지르거나 감정적으로 대할 때, 아이보다 내 감정을 우선으로 생각하면서 아이의 상처를 보지 않았을 때, 오로지 내가 힘든 것만 슬퍼했던 그 시절, 나의 관점은 어디를 향해 있었으며 나의 그릇의 크기는 어느 정도였을까?

나는 나를 믿지 않았고, 내가 얼마나 중요하고 귀한 존재인지 제대로 깨닫지 못하고 있었다. 이 책을 읽고 있는 당신은 이미 말할 수 없이 귀하고 중요한 존재다. 아이라는 하나의 우주를 당신의 손으로 키우고 있지 않은가.

내 마음이 달라지면 아이를 대하는 것도 달라진다. '내가 우리 아이에게 이렇게 대하면 안 되지. 훌륭한 사람인 내가 그러면 안 되지'라는 생각으로 스스로의 가치를 높여 보자. 나도 처음에는 이 말이 이해되지 않았다.

흔히 하는 말 중에 "자리가 사람을 만든다."는 말이 있다. 당신이 갑자기 어느 나라 왕의 후손이라는 기가 막힌 사실이 밝혀져서 왕족의 신분을 가지게 되었다고 생각해 보자. 당신의 아이에게 마냥 함부로 대할 수 있을까? 이 말은 꼭 당신이 어느 왕족의 후손이 되어야만 적용할 수 있는 것은 아니다. 당신 스스로 당신을 왕족의 반열에 올려놓으면 된다. 그럼 왕족이 가지고 있는 품위와 교양과 지혜와 덕목을 갖추고 아이와 배우자를 대하게 될 것이다. 스스로를 그렇게 생각하면 다른 사람들도 당신을 그렇게 생각하기 시작한다. 당신의 변화는 그렇게 차고 넘쳐서 주변 사람들에게 흘러내리게 된다.

관점을 넓히기 위해서는 우선 자신과 토론해야 한다.

- 나는 진정 어떤 사람이 되고 싶은 것인가?
- 왜 그렇게 살지 못했는가?

- 왜 지금 당장 그렇게 살면 안 되는가?

- 지금 달라지지 않으면 언제부터 달라질 것인가?

- 그 언제부터는 언제인가?

- 당신은 어떤 부모를 원했는가?

- 지금 당신의 아이에게 당신은 어떤 부모인가?

- 당신은 당신을 얼마나 믿는가?

- 당신의 아이가 나가서 어떤 대우를 받기를 원하는가?

- 당신은 당신의 아이를 어떻게 대하고 있는가?

관점을 넓혀야 제대로 된 토론을 할 수 있다. 비단 자신에 대한 관점뿐만 아니라 세상에 존재하는 모든 개념과 상황에 대해서 모르던 사실을 접할 수도 있고 알던 사실을 수정할 수도 있다. 당신 스스로에 대한 믿음도 그러하다. 좋은 부모가 될 수 있다는 것을 믿을 수 없다면 토론의 과정을 생각해 보라. 알고 있던 것을 바꿀 수도 있고 더할 수도 있고 뺄 수도 있는 것이 바로 의식이 변화되고 확장되는 과정인 것이다.

나는 김태광 대표 코치에게 이러한 과정을 보고 듣고 배웠다. 그리고 적용하기 시작했다. 이것은 단순한 의식의 확장이 아니라 성공의 비결이었다. 부모로서의 성공이 무엇인가? 아이를 잘 기르는 것이 아닌가? 그것을 위해서도 의식과 관점이 넓어져야 한다. 당신의 인생에 있어서도 의식의 확장과 성장은 꼭 필요하다. 당신 스스로 해낼 수 있다고 생각하지 않는데 무슨 수로 성공할 수 있다는 말인가?

인생은 언제나 선택의 연속이다. 그러나 당신이 선택을 감당할 준비가 되었을 때여야만 진실로 선택할 수 있는 능력이 발휘된다. 선택은 쉽지 않다. 그 선택을 책임져야 하는 실천과 행동이 요구되기 때문이다.

관점을 넓혔다면 이제 아이들과 토론하고 아이에게 투자할 차례다. 아이에게 시간과 감정을 투자하자. 지금이 아니면 결코 줄 수 없다. 당신의 투자로 아이들은 미래를 만들고 준비한다. 그러니 아이에게 지금 해 줄 수 있는 최고의 투자는 바로 당신의 믿음과 사랑이다.

생각의 스펙트럼을 넓혀 주는 것은 아이의 미래를 위한 확실한 투자다. 당신은 아이의 미래를 위해 얼마나 투자하고 있는가? 사실 많은 사람들이 아이의 미래보다는 고등학교 성적과 대학교 입학을 위한 투자를 하고 있다. 가장 중요하고 귀한 투자는 어떤 사회가 닥치더라도 아이가 자신의 재능을 발휘하고 자아실현을 하며 좋아하는 일을 찾을 수 있게 도와주는 것이 아닐까?

복지학에서는 '가장 좋은 복지는 바로 직업'이라고 이야기한다. 자신의 적성을 알고 직업을 선택할 수 있도록 아이의 관점을 넓혀 주는 대화 방법 중 하나가 바로 토론이다. 아이의 미래를 위해 우리가 가장 쉽게 시작할 수 있는 일이다.

부모로서 아이의 미래를 위해 확실한 투자를 하고 싶다면 010 6790 0330으로 연락해 보자. 스스로를 믿고 의식과 관점을 넓히는 데 도움을 주겠다. 행동하는 부모만이 아이를 바르게 이끌 수 있다.

아이와 정서적 공감대를 형성하라

좋은 책을 읽는 것은 과거에 가장 훌륭했던 사람들과 대화를 주고받는 것과 같다.

· 데카르트 ·

기분 좋은 아이가 공부도 잘할까? 정답부터 말한다면 그렇다. EBS 〈다큐프라임〉 '공부의 왕도' 편에서는 아이들의 정서와 학습에 대한 실험으로 언어 프로젝트를 실시했다. 같은 행동을 하더라도 긍정적인 피드백을 준다면 낙관적인 성향이 커진다는 것이었다. 정서와 인지는 서로 연관되어 있고, 뇌가 하는 일은 마음이 하는 일과 밀접하게 연관되어 있다고 한다. 결국 기분이 긍정적인 상태가 되려면 듣는 말도 하는 말도 긍정적이어야 하고 그런 말과 행동이 쌓여서 낙관적인 상태가 되는 것이다.

프로그램에서는 낙관성 지수가 낮은 학생을 선정해 4주간의 '언어습관 프로젝트'를 진행했다.

줄여야 할 말	이렇게 말하기

아이
• 하기 싫어.
• 못하겠어.
• 해 봤자 안 돼.
• 왜 해요? 그거 해서 뭐해요?
• 몰라요.
• 그냥요.
• 난 항상 운이 없어.
• 모두 내 잘못이야.
	• 제가 한번 해 볼게요.
	• 할 수 있어요.
	• 잘될 것 같아요.
	• 해 보면 도움이 될 것 같아요.
	• 적극적으로 의사 표현하기:
	  난 이렇게 생각해요.
	• 감사의 표현하기: 고마워요.
	• 긍정적인 질문하기:
	  - 오늘 뭐가 가장 즐거웠어요?
	  - 오늘 뭐가 가장 마음에 들었어요?
	  - 오늘 뭐가 가장 맛있었어요?

엄마
• 몰라.
• 엄마는 그런 거 못해.
• 엄마는 그런 거 안 해 봤어.
• 엄마가 시키면 그냥 해.
• 엄마가 너한테 나쁜 거 시키니?
• 사는 게 다 그렇지, 뭐.
• 그런 거 해 봤자야.
• 넌 왜 매번 그래?
• 너 때문에 속상해 죽겠다.
	• 해 보면 재밌을 것 같아.
	• 엄마가 한번 해 볼게.
	• 해 보면 ○○한 점이 도움이 될 것
	  같아.
	• 부드러운 말로 시키기
	• 구체적인 이유를 제시하며 기대해 보기:
	  - 다음번에는 ○○하니까 잘할 거야.
	  - 이번에는 네가 실수했나 보다. 그래도
	    너는 ○○를 잘하잖아.

4주 동안 언어습관을 고치려고 노력한 아이는 스스로 긍정적인 말을 하게 되었다. 엄마 또한 긍정적인 말을 해 주면서 오히려 성적이 올라가고 스스로 공부하는 성공의 경험을 했다.

나는 결과를 보면서 낙관성과 학습된 무기력에 대해서 많은 생각을 했다. 학습된 무기력이란 매번 무엇인가를 시도할 때마다 잘 안 되는 경험을 여러 번 하게 되면 다음부터는 아예 아무것도 도전하지 않게 되는 것을 말한다. 반면 낙관성이란 어느 상황에서도 긍정적으로 생각하고 표현하는 것을 말한다. 낙관성이 높은 아이들은 어려운 문제를 푸는 과정을 즐기고, 도전하는 것을 두려워하지 않게 된다. 어떻게 하면 낙관성을 높일 수 있을까? 바로 아이들에게 긍정적인 말을 해 주고, 행동으로 보여 주는 것이다.

아이들의 기분은 언제 어떻게 좋아질까? 부모와 같은 책을 보면서 자신의 의견을 존중받고 공감대를 형성할 때 좋아지지 않을까? 같은 책을 보고 자신의 질문이나 생각에 대한 긍정적인 피드백을 받았을 때 낙관적으로 될 수밖에 없다.

문용린 교육심리학 교수는 낙관적인 성향과 학습된 성공의 감정을 통해서 아이가 계속해서 발전할 수 있다고 말했다. 하버드대 교육학과의 커트 피셔 교수 또한 아이의 정서적 자신감은 무척 중요하다고 말하며, 자신감은 그냥 생기는 것이 아니라 학교와 가정에서 아이를 어떻게 대하는지에 따라 달라진다고 했다. 같은 책을 통해 아이와 정서적 공감대를 형성하며 질문을 통해 긍정적인 피드백을 주는 것이야말로 아이에게 가장 큰 정서적 자신감을 만들어 줄 수 있는 것이 아닐까?

부모와 아이가 같은 목표를 가지고 같은 주제로 이야기하는 것은 어마어마한 에너지를 만들어 낸다. 같은 곳을 바라본다는 것은 같은 목표를 가지고 있다는 말이고, 같은 목표를 가지고 있으면 서로 더 이해하고 응원하면서 역경을 이겨 낼 수 있다. 같은 책을 읽는다는 것은 생각을 공유한다는 것이고, 아이의 눈높이에서 생각하고 이해한다는 것이다. 아이들과 같은 정서를 공유하는 어른이 얼마나 되겠는가? 매일 성장하는 아이들의 생각과 문화를 따라가지 못하는 경우도 있을 것이다.

아이들과 같은 책으로 하브루타를 하면서 낙관성을 키워 줄 수 있도록 노력해 보자. 부정적이고 비관적인 말은 줄이고, 긍정적이고 낙관적인 말을 많이 하자. 꾸준히 실행한다면 실패하거나 역경이 닥치더라도 한 번 더 도전할 의지를 잃지 않을 수 있다.

하브루타는 하나의 질문에서 꼬리에 꼬리를 물고 다양한 질문과 관점을 도출하는 과정이다. 정서적 안정감을 높이고 아이가 부모의 경험과 지식을 쉽고 편하게 느낄 수 있는 방법이 바로 같은 책으로 이야기하고 토론하는 것이다. 아이들이 성공할 수밖에 없도록 하브루타를 통해 낙관적이고 성공하는 경험을 제공해 주자.

하브루타는 아이에게 줄 수 있는
가장 큰 선물이다

경건한 교육은 가정을 이끌어 나가는 가장 훌륭한 방법이고
가정의 번영을 꾀하는 가장 확실한 방법이다.

· 《탈무드》 중에서 ·

아이들이 장난감을 서로 가지고 놀겠다고 싸우는 일이 잦았다.
나는 큰아이에게 이렇게 말했다.

"별아. 물건을 선물받거나 가지고 있으면 동생이나 친구에게
빌려 주거나 뺏길 수가 있잖아?"

"응, 엄마. 지난번에도 내 건데 자꾸 한 번만 쓴다고 우주가…
그래서 화났었어."

"그렇지? 그런데 말이야. 우리 별이가 어떤 공연이나 영화를
보고 오면 그것도 뺏을 수 있을까?"

"음… 그건 눈에 안 보이는데? 어떻게 뺏어?"

"그렇지! 눈에 보이지 않지만 분명히 가지고 있는 별이의 것이

지? 그런 걸 우리는 경험이라고 부른단다."

"아, 그래? 그럼 여행 가는 것도 경험이야?"

"그럼. 여행 다니고 엄마랑 단 둘이 공연을 보러 가거나 새로운 장소에 가는 모든 경험은 다른 사람이 절대 가져갈 수가 없단다."

실제로 유대인들이 교육을 중요하게 여기는 문화도 늘 다른 민족에게 약탈을 당해 왔기 때문에 형성된 것이다. 지식은 아무도 가져갈 수 없다. 온전히 자신만의 것이고 다른 사람과 나눌 때 더 발전한다.

큰아이의 생일을 앞둔 어느 날, 아이에게 어떤 선물을 받고 싶은지 물어보았다.

"딸, 생일이 얼마 남지 않았네? 어떤 선물을 받고 싶어?"

"나는 제주도에 가 보고 싶어."

"와, 제주도에 대해서도 궁금한 게 생긴 거야? 멋진데. 제주도 어디에 가 보고 싶어?"

"음… 실은 비행기가 타 보고 싶어."

"아, 비행기가 타 보고 싶은 거구나. 그럼 비행기를 타고 제주도 말고 다른 곳에도 가 보고 싶어?"

"응, 엄마. 사실은 제주도가 아니어도 괜찮아. 나는 새로운 곳에 가 보고 싶어."

"와, 그거 정말 멋진 생각이네!"

아이는 작년에 내가 해 준 말을 기억하고 있었다. 그리고 자신의 생각을 엄마의 질문을 통해 더 발전시켰다. 정말 가지고 싶은 것은 새로운 곳에 대한 경험이었던 것이다. 아이는 크루즈에 관련된 영상을 보고 매우 놀랐다. 그렇게 큰 배가 있다는 것과 배를 타고 가다 보면 다른 나라에 갈 수 있다는 것, 많은 사람이 타고도 물 위에 뜰 수 있다는 것에 감탄했다. 그렇게 여행에 대한 꿈틀거리는 내적 동기를 조금씩 키워 나가고 있는 중이다.

나는 선물은 받고 싶은 사람이 원하는 것이어야 한다고 생각한다. 당신이 누군가에게 무엇을 주려고 할 때, 어떤 형태나 종류든 제일 중요한 것은 받을 사람이 얼마나 원하는 것인지의 여부다. 그런데 물어볼 수 없다면 어떻게 해야 할까? 상대방의 입장을 고려해서 고민해 보아야 한다. 여기에 필요한 것이 생각이다. 당신은 얼마나 생각하고 얼마나 조리 있게 표현하는가? 당신의 말 속에 가치관과 주관이 얼마나 들어가 있는가? 사실 요즘 사람들은 고민도 많고 지식수준도 상당히 높아졌지만 시간이 없다. 어떤 문제에 대해 진지하게 끝까지 고민하고 생각할 시간조차 없는 것이다. 그러니 아주 어릴 적부터 생각하는 습관을 부모로부터 물려받을 수 있다면 아이의 인생에 있어서 어마어마한 선물이 될 것이다.

인생을 살아가는 데 가장 필요한 것은 건강한 습관이라고 생각한다.

- 공부를 열심히 꾸준히 한다.
- 운동을 꾸준히 하고 건강한 식습관을 갖고 있다.
- 책을 한 달에 2~3권 읽는다.
- 다른 사람들과 싸우지 않고 나의 의견을 조리 있게 제시하고 대화를 이끈다.
- 매 상황 속에서 내가 부딪히는 문제에 대해 해결점을 먼저 고민하고 찾는다.
- 생각하고 정리하고 실행할 수 있다.

이것들을 해낼 수 있는 가장 큰 원동력이 바로 습관이 아닐까? 습관이 안 되어 있으면 독서나 운동, 공부를 원하는 만큼 잘할 수 없다. 운동하는 습관 없이 건강해질 수 있을까? 식단을 조절하는 습관 없이 비만에서 자유로울 수 있을까? 조리 있게 표현하는 습관 없이 면접, 회의, 상담, 설득을 할 수 있을까? 생각을 하고 그 생각을 정리하고 실행하는 습관 없이 성공할 수 있을까? 곰곰이 생각해 보면 아마 어른이고 부모인 당신도 저 모든 걸 다 하고 있지 못할 것이다. 그런데 아이에게 이러한 습관을 물려줄 수 있다면 그보다 값진 선물이 있을까?

하브루타를 하게 되면 아이가 살아가는 데 필요한 개념들과 미래사회에서 필요한 습관들을 아이에게 경험하게 해 주고 선물해 줄 수 있다. 더불어 부모인 당신도 성장해 나갈 것이다. 부모의 성장 없이 아이만 성장한다는 것은 불가능한 일이기 때문이다. 아이의 인성과 건강한 마음 습관은 결국 부모인 당신으로부터 오는 것이다.

하브루타를 하게 되면 경제 교육, 리더십 교육, 독서 교육, 창의력 교육, 생각과 화법에 대한 교육을 자연스럽게 할 수 있다. 그모든 것들이 녹아 있는 것이 바로 하브루타이기 때문이다. 그리고 아이들에게 가장 좋은 선물은 바로 하브루타에 대해 알아보기로 마음을 먹고 달라지는 당신이다.

하브루타를 진행하려면 적어도 아이들과 긍정적이고 깊은 유대관계를 형성해야 하고 그렇게 되도록 노력해야 한다. 아이에게 부모와의 관계는 모든 일의 시작이자 끝과 같다. 그런 부모와 아이의 관계를 긍정적으로 발전시킬 수 있는 좋은 방법이 바로 하브루타다. 부모와의 긍정적이고 건강한 유대관계 속에서 정신적인 유산과 가르침을 물려받아야 그것이 제 가치를 발휘하는 것이다. 아이와 원수같이 안 좋은 관계에서 아무리 지식과 재산을 물려준들 그 가치를 어디에서 찾을 수 있겠는가? 아이에게 부모로서 줄 수 있는 가장 큰 선물, 하브루타를 지금 당장 시작하자.

아이와 함께 만드는
하브루타 가족일기장

- - - -

행복을 가꾸는 힘은 밖에서 우연한 기회에 얻을 수 있는 것이 아니다.
오직 그 마음에 새겨둔 힘에서 꺼낼 수 있다.

· 페스탈로치 ·

나는 미디어에 대해 관대한 엄마였다. 그도 그럴 것이 남편은 프로그래머, 나는 웹 디자이너였으니 미디어가 주는 이로운 점에 수복할 수밖에 없었다. 그러나 나도 부모인지라 지나친 미디어에 대한 관심이 걱정되기도 했다. 그래서 남편과 나는 그런 부분을 개선하고자 다양한 노력을 시도해 보았다.

게임을 좋아하는 우리 둘째는 소리를 지르고 감정을 온몸으로 표현해 가며 게임을 한다. 나는 그렇게 게임하는 아이는 평생 처음 봤다. 그래서 춤을 추는 댄스게임을 누나와 같이 하게 해 주었다. 옛날에 발로 스텝을 밟으며 하던 댄스게임의 발전된 형태 같은데 어른인 내가 봐도 너무 재미있었다. 같이 하면 자연스럽게 아이들이 선생님이 된다. 엄마를 가르치는 게 여간 재미나는 게 아닌가 보다.

우리는 게임을 가족이 같이 한다. 만약 게임을 못하게 하고 화만 냈다면 힘든 시간을 보냈을 것이다. 남편은 게임 프로그래머라서 아이들을 위한 게임을 많이 알고 있다. 나는 남편에게 아이들을 위한 게임을 알려 주는 유튜브를 시작해 보라고 제안했다. 사실 나도 어떤 게임을 아이랑 같이 하면 좋을지 도통 알 수가 없다. 이런 건 전문가에게 맡겨야 한다. 바로 이런 게 레버리지 아니겠는가? 한바탕 몸을 흔들고 춤추고 웃고 나면 참 개운하고 즐겁다.

큰아이의 요즘 최대 흥밋거리는 유튜브를 찍는 것이다. 〈남매특공대〉. 큰아이가 동생과 만든 유튜브 채널이다. 그리고 내가 책을 쓴다고 하니 옆에서 왔다 갔다 하면서 자신도 책을 쓸 거라고 한다. 엄마 아빠의 모습이 얼마나 중요한지 깊이 깨닫는 순간이었다. 우리 집엔 책이 정말 많다. 나의 취미가 '책 사서 모으기'와 '책 읽기'이기 때문이다. 눈만 돌리면 책이 있다. 딸아이는 그런 환경에서 작가가 되려고 하는 내 모습이 싫지 않았나 보다. 나에게 다가와서 이렇게 묻곤 한다.

"엄마. 어떻게 하면 작가가 되는 거야? 엄마는 왜 작가가 되고 싶은 거야?"

이 질문이 나를 얼마나 기쁘게 했는지 모른다. 그리고 이런 대답을 할 수 있어서 정말 감사했다.

"별아. 엄마가 요즘 좀 달라졌지?"

"응."

"엄마는 다른 엄마들도 엄마처럼 달라졌으면 좋겠거든. 자기 아이와 대화도 잘하고 많이 웃고 행복해지면 좋겠어. 그래서 엄마가 변하게 된 이유를 알리려고 책을 쓰는 거야. 다른 사람들을 도와주고 싶어서."

"와, 엄마 멋지다."

"별이가 이렇게 엄마에게 관심을 갖고 물어봐 줘서 너무 고마워. 너무 행복하다."

딸아이는 유튜브를 찍고 자신도 작가가 될 거라고 했다. 편집하는 것을 익숙하게 다루게 되면 1년 정도 유튜브를 운영해 보고 책을 써 보라고 독려할 생각이다. 초등학생인데 자신의 책을 펴낸 아이, 정말 대단하지 않은가?

〈한책협〉 김태광 대표 코치의 저서 《초등공부 읽기, 쓰기가 전부다》의 목차를 살펴보자.

1. 사고력 다지기 - 책을 친구처럼 가까이하자!
2. 논리력 키우기 - 세상을 남다르게 바라보자!
3. 표현력 기르기 - 문장력을 키워주는 습관을 들이자!
4. 창의력 높이기 - 특별한 생각의 힘을 키우자!

이것을 토대로 나는 유튜브에 아이와 함께하는 가족일기장을 만들 생각이다. 아이에게는 아직 어려운 내용도 있을 테지만 한 꼭지, 한 꼭지씩 쌓아나가서 딸아이가 생각한 그 목표가 이루어질 수 있도록 가장 든든한 조력자가 될 것이다.

어느 날은 아빠와 대화를 하며 찍을 수도 있을 것이고, 또 어느 날은 동생과 함께할 수 있을 것이다. 상상해 보라. 우리 아이가 얼마나 달라질지. 쉽지 않을 수도 있다. 그리고 서로 의견이 안 맞아 싸울 수도 있다. 어느 날은 방송사고가 날지도 모르겠다. 하지만 그런 과정이 인생이 아닌가? 이런 날, 저런 날이 모여 결국 우리의 날이 된다. 그 과정을 생생하게 유튜브로 남기게 된다면 아이에게 뜻 깊은 일이 될 것이다.

〈남매특공대〉는 딸아이가 무려 3일이나 고민해서 만들어낸 이름이다. 여기에 로고송처럼 구호까지 만들었다. 자신이 만든 구호를 어찌나 남동생에게 열심히 알려 주었는지 네 살짜리 아들이 외워버렸다. 지금 생각해도 웃음이 난다. 일곱 살짜리가 네 살짜리에게 동작과 구호를 가르치는 모습이라니.

나는 하브루타 가족일기장을 다양한 매체로 활용할 생각이다. 블로그, 인스타, 유튜브 그리고 종이책으로 말이다. 내가 웹 디자인을 배우던 시절에 이런 말이 있었다.

'원 소스 멀티 유즈(one-source multi-use)'

이 말의 뜻은 하나의 콘텐츠가 다양하게 재생산되는 것을 뜻한다. 책이 영화가 되고 연극으로 상영되고 음악의 주제가 되는 것처럼 말이다. 이렇게 하나의 스토리는 다양한 모습으로 발전할 수 있다. 그래서 우리는 우리 가족만의 콘텐츠를 만들어 가려는 것이다. 특히 나는 내가 잘하는 일인 스토리를 만드는 능력으로 우리 가족의 브랜드 스토리를 찾아가려고 한다.

당신이 가장 많이 들었던 긍정적인 말이 무엇이었는가? 나는 어린 시절부터 이야기를 참 재미있게 한다는 말을 많이 들었다. 사촌동생들은 내 주위에 둘러 앉아 내가 해 주는 옛날이야기에 숨을 죽였다. 지금도 오래된 흑백 필름처럼 동생들이 손을 모으고 귀를 쫑긋하며 나를 바라보는 모습이 떠오른다.

지금 당신은 아이에게 어떤 이야기를 들려주고 싶은가? 아이를 평가하고 나무라는 이야기가 아니라 아이가 커서도 오래도록 회고할 수 있는 긍정적인 말을 해 주면 어떨까? 부모의 긍정적인 말로 인해 내가 이렇게 성공했다고 말할 수 있도록 말이다. 아이에게 지금 고민하는 그 말을 건네 보라.

아이와 만드는 하브루타 가족일기장은 그 어떤 주제도, 형태도, 방법도 가능하다. 당신이 당신 가족으로부터 찾아내기만 한다면 말이다.

가족 하브루타 시간을
영순위로 만들어라

가정은 도덕상의 학교다. 가정에서의 인성교육은 중요하다.

· 페스탈로치 ·

　당신에게 중요하면서 급하지 않은 것은 무엇인가? 중요하면 급해야 할 것 같지 않은가? 그런데 중요하면서도 급하지 않은 게 있다. 뭐라고 생각하는가? 나는 이 질문에 행복이라고 대답하고 싶다.

　가족의 행복은 몇 순위쯤 될까? 매일 얼마나 급한 일들이 산재해 있는지 모른다. 나도 사회생활을 해 봐서 알고 있다. 출근해서 회의하고 긴급으로 처리할 일들을 하고 나면 오전시간이 가버린다. 점심을 정신없이 먹고 나면 오후에 회의를 위한 안건을 정리하고 회의에 참석하고 또 다시 긴급으로 발생한 문제들을 처리한다. 그럼 퇴근할 시간이다. 적어도 나의 직장생활은 그런 패턴이었다. 그리고 주부가 되니, 삼시 세끼 식사 준비 외에도 청소, 빨래, 아이들 챙기기, 씻기기, 약 먹이기, 물건 정리하기 등등이 있다. 이 외에도 해야 할 일들이 태산이다.

그럼 행복은 언제 챙겨야 할까? 행복이라고 했지만 이것은 독서, 운동, 가족 간의 대화 같은 당장의 마감 시일이 없는 가치들과 같은 의미를 가진다. 우리는 급하고 마감기한이 짧은 일들을 우선으로 처리하게 된다. 그러나 장기적으로 보면 그것은 성공에 이르는 방법이 아니다. 중요한 일부터 해 나가야 한다. 결혼을 하고 가족이 생기면 더 이상 혼자가 아니기 때문이다. 우리는 서로 긴밀하게 연결되고 소속된다.

칼 필레머는 저서《이 모든 걸 처음부터 알았더라면》에서 결혼에 대해 이렇게 이야기하고 있다.

"한 30년 결혼 생활을 하다 보니 사람은 결혼을 통해 성장한다는 사실을 깨닫게 되었어. 그 성장의 폭과 깊이는 정말 놀라울 정도야. 돌이켜보면 아주 작은 변화들이 모여 과거와는 전혀 다른 지금의 내가 되어 있다는 생각이 들어. 이제는 당당하게 말할 수 있다오. 비로소 진정한 나의 모습을 찾게 되었다고."

가족과 함께하는 시간에 대해서 어떤 사람은 급하거나 중요하다고 느끼지 않을 수도 있다. 그러나 우리는 이제 알게 되지 않았는가? 그 어느 때보다도 가족이 함께 이루어 내는 일들에 가치가 있음을 말이다. 그리고 그 안에서 얻는 것의 가치가 매우 크다는 것을 말이다.

우선은 부부가 먼저 시작해야 한다. 당신의 가장 큰 조력자가 바로 배우자이니 말이다. 어쩌면 코웃음을 칠지도 모르겠다. 배우자가 관심이 없을 거라고 말이다. 그런데 배우자의 도움 없이는 가족 하브루타를 할 수 없다. 그러니 먼저 부부관계가 개선되어야 한다. 아이들은 엄마 아빠의 관심과 사랑이 모두 필요하다. 그리고 당신도 배우자와 싸우지 않고 대화할 때 가장 큰 뿌듯함과 행복을 느낄 수 있을 것이다. 서로 싸우지 않고 대화한다는 것은 서로를 존중한다는 뜻이니 말이다. 배우자의 존중과 인정이야말로 부부로 만나 서로에게 주는 최고의 선물이다. 그래서 민감한 문제가 아니라 일상적인 대화로 서로 말문을 트는 연습을 해야 한다.

부부가 먼저다. 가족은 그다음이다. 이 책을 집어든 당신이 먼저 시작하라. 당신이 먼저 시작하니 손해 같은가? 다시 한번 말하지만 스튜어트 다이아몬드가 쓴 《어떻게 원하는 것을 얻는가》에도 나오듯이 큰 목표를 위해 거쳐 가는 일들에 너무 상처받지 말기를 바란다. 훌륭한 당신에게 이렇게 말해 주고 싶다.

"당신이 먼저 시작하기에 당신의 가정이 행복으로 갈 수 있는 것입니다."

PART 5 하브루타는 아이에게 줄 수 있는 가장 큰 선물이다

"매우 훌륭합니다! 당신은 당신 가정이 가진 최고의 행운입니다!"

가족의 미래를 위한 선택을 하고 성공할 당신을 진심으로 응원한다. 당신으로 인해 당신의 배우자와 자녀는 행운의 주인공이 될 것이다. 한 치의 의심도 없이 그 사실을 믿는다.

배우자와 대화를 시작한다는 것이 분명 쉽지 않을 수도 있다. 우선 관계가 좋아져야 한다. 지금 관계가 좋다면 잘하고 있는 것이다. 그러나 그렇지 않을 경우 칭찬을 활용해 보자. 배우자의 존재에 대한 칭찬과 인정으로 시작하면 된다. 비난이나 평가가 아닌, 존재 그 자체에 대한 인정으로 말이다. 당신이 건넨 칭찬과 노력이 결국 당신이 그렇게 받고 싶은 배우자의 인정과 감사, 사랑으로 돌아올 것이다.

우리는 살면서 성공이나 보람, 성취감을 느끼기 위해 살아간다. 그러기 위해서는 먼저 자신에 대해 알아야 한다. 자신의 비전과 목표, 하고 싶은 일과 잘하는 일, 해야 하는 일을 구분할 줄 알아야 한다. 스스로에 대해 얼마나 알고 있고 모르고 있는지에 대한 것을 메타인지라고 한다. 인생에 있어서 나 자신에 대한 메타인지를 통해 구체적인 비전과 목표를 세워야 한다. 중요한 것과 중요하지 않은 것을 구분할 수 있는 능력으로 말이다.

세계적인 베스트셀러 작가이자 경영학자인 스티븐 코비는 시간의 중요성과 우선순위에 대해서 말했다. 성공한 사람들은 중요한 것을 할 때 더 행복하고, 다른 불필요한 일들이 줄어들었다고 말이다. 가족 하브루타가 당신에게 중요한 이유를 생각하고 그것의 가치를 당신 삶에서 녹여낼 때, 가족과 함께 성장하는 깊은 즐거움을 알게 될 것이다. 그리고 이것은 당신 삶에서 가장 중요한 선순환의 첫 번째 걸음이 될 것이다. 가족 하브루타를 영순위로 정하는 것을 놓치지 말길 바란다.

가족 하브루타를 하긴 해야겠는데 어디서부터 시작해야 할지 모르겠다면 내가 운영하는 네이버 카페 〈하브루타코칭연구소〉를 찾아오기 바란다. 당신의 시작을 위한 조언을 만날 수 있을 것이다.

가족 하브루타를 해야 하는 진짜 이유

교육이란 알지 못하는 바를 알도록 가르치는 것을 의미하는 것이 아니라,
사람들이 행동하지 않을 때 행동하도록 가르치는 것을 의미한다.
· 마크 트웨인 ·

당신만을 위한 행복의 파랑새는 어디에 있는가? 행복의 파랑
새를 찾아 떠났지만 결국 파랑새는 가까이에 있었다는 이야기를
늘어본 적이 있을 것이다. 행복은 어떤 형태를 갖고 있지 않다. 나
는 행복은 관계에서 시작한다고 생각한다. 관계를 시작하려면 대
화를 해야 하지 않을까? 대화는 관심과 질문에서 시작한다. 어디
서 많이 들어본 말 아닌가? 그렇다. 하브루타에서 가장 중요한 것
이 질문과 경청이다. 아이들에게 행복한 가정의 기억을 주기 위해
서는 가족 하브루타를 시작해야 한다.

유년 시절은 다시 돌아올 수 없다. 그리고 이때 얻은 경험은 평
생에 걸쳐 영향력을 행사한다. 나의 부모님은 먹고살기 바빴던 터

라 나에게는 유년 시절의 기억이 별로 없다. 치열하게 살아오신 나의 부모님, 특히 어머니의 삶은 존경받기에 충분한데도 내게 남아 있는 기억은 빛이 바랬나 보다.

그래서 나는 아이들의 기억을 아름답게 만들어 주기 위해 노력한다. 그 첫 번째가 바로 수시로 안아 주는 것이다. 예전에는 나도 안아 달라고 조르는 아이들이 귀찮았다. 그런데 내 의식이 성숙해지고 관점이 달라지고 나니 내가 먼저 아이들에게 가서 사랑한다고 말하며 안아 달라고 한다. 우리는 그렇게 서로의 에너지를 나누고 있다.

가정은 아이들이 온갖 것을 체험하고 경험하는 사회나 마찬가지다. 아이들이 조리 있게 자신의 생각을 표현하는 것을 어디에서 배워야 할까? 가정에서 제대로 배운 아이들은 학원에 가서도 빛을 발한다. 제대로 된 학원이라면 부모교육과 함께 가족이 변해야 함을 알려 줄 것이다. 아이에게만 변화를 강요해서는 안 된다. 서로에게 긍정적인 피드백을 주고 긍정적인 영향을 주고받는다면 어마어마한 일이 일어나게 될 것이다.

아이와 어른의 생각은 다르다. 살아온 시간이 다르고 경험해 온 것들이 다르다. 이렇게 다른 가족이 함께 만들고 나누는 과정에서 경험을 공유하면 더욱 서로에 대해 이해할 수 있게 된다. 그럼 무슨 일이 생기는지 궁금하지 않은가? 이해하게 되면 도와주고 싶어진다. 그리고 더 깊은 연결고리를 느끼게 된다.

우리는 아이들에 대해 더 알아야 할 필요가 있다. 그리고 아이도 부모인 우리의 생각에 대해 더 알아야 할 필요가 있다. 서로 이해하면서, 알아가면서 더 큰 소속감과 애착을 갖게 된다.

가족 하브루타를 할 때 기억하면 좋을 몇 가지를 알려 주겠다. 엄마와 아빠는 아이보다 아는 게 많기 때문에 질문을 던지면서 자꾸 가르쳐 주고 싶은 경우가 많다. 그러나 우리가 원하는 것은 정답을 맞히는 아이가 아니다. 어떤 문제는 정답이 여러 개일 수 있고, 정답이 없을 수도 있다. 아이에게 가르치려고 들지 말고 아이가 스스로 질문에 대한 답을 찾아 낼 수 있도록 대답을 기다려 주고 지지해 주자.

아이와 대화를 할 때는 아이가 원하는 주제를 정해서 이야기해 보자. 하브루타를 하기로 마음을 먹고 부모가 합심해서 "자, 이제 시작이야. 준비, 땅!" 하면 아이가 갑자기 술술 말을 하겠는가? 어림 반푼어치도 없다. 평소에 대화를 많이 해서 아이가 편하게 자기 이야기를 할 수 있는 상황을 만들어야 한다. 그럴 때 아이가 말하고 싶은 주제를 정해서 대화를 시작하면 훨씬 수월할 것이다.

우리 딸아이가 말하고 싶어 하는 주제는 미술, 유튜브, 여행, 먹을 것이다. 아들이 말하고 싶어 하는 건 게임과 춤이다. 이렇게 직접 주제를 정하면 아이 스스로 흥미를 가지고 이런저런 이야기들을 할 것이다. 그때 아이의 말을 주의 깊게 들어 주고 그 말을 따라 반복해 보자. 아이가 말한 것을 그대로 따라 하면 아이가 자신의 말이 어떻게 엄마에게 전달되었는지 스스로 느끼게 되고 잘못 전달되었다면 고쳐 말하면서 표현력을 다듬어 갈 수 있다. 이렇게 하면 아이가 말하는 데 부담을 덜 느끼게 된다.

어느 날 남편이 한국 아빠들에 대한 다큐멘터리를 보고서는 아이들과 더 많은 시간을 보내야겠다는 말을 했다. 왜 그런가 하고 나도 그 방송을 찾아보니, 아빠는 젊어서 일만 하고 돈만 가져다주고 육아는 대부분 엄마가 알아서 하니 아이들과 엄마는 한 편이고 아빠는 설 자리가 없더라는 내용이었다. 방송에 나온 아빠는 무척 외롭고 슬프다고 했다. 남편은 자신도 그렇게 될까 봐 걱정이라고 말했다. 한국 아빠들이 얼마나 아이들과 함께할 시간이 없는지, 한국에서 직장 다니는 아빠로 살아보지 않은 사람들은 모를 것이다.

아이를 사랑하기로 둘째가라면 서러운 우리 민족인데 어쩌다 보니 아빠는 돈 버는 기계로, 엄마는 그 돈으로 어떻게 하면 아이에게 더 많은 교육을 시킬 수 있을까 고민한다. 그러나 이제는 달라질 것이다. 부모들이 아이를 진정으로 위한 일이 무엇인지, 근원적인 것에 대한 질문을 하기 시작했기 때문이다. 가족 하브루타를 통해 일주일에 한 번이든 한 달에 한 번이든 가족의 시간을 찾아가는 자체만으로도 매우 중요하고 의미 있다. 뿐만 아니라 소중한 아빠의 자리를 찾아 주는 일이기도 하다.

가족 하브루타를 해야 하는 진짜 이유는 무엇인가? 나는 이 질문에 이런 질문으로 답하고 싶다. 우리가 살아가는 이유는 무엇인가? 당신은, 또 아이들은 왜 살아가는가? 바로 행복해지고 싶어서가 아닌가? 가족이 하브루타를 한다는 것은 서로 깊은 대화를 한다는 것이다. 행복해지려면 서로에 대해 알아야 한다. 서로에 대해 안다는 것은 우선은 자신에 대해 알고 상대방에게 알려 줄 수 있다는 뜻이다. 가족 하브루타를 하는 진짜 이유는, 결국 우리 가족이 스스로에 대해서 생각해 보고 그것에 대해 이야기를 나누며 행복을 향해 가기를 바라기 때문이다.

아이를 사랑한다면 하브루타를 하라

교육의 참된 목적은 사람들에게 선한 일을 하도록 간청할 뿐만 아니라
사람들이 선한 일을 하는 그 자체에서 기쁨을 발견하도록 하는 데 있다.

· J. 러스킨 ·

남편과 사랑에 대한 이야기를 나눈 적이 있다. 하브루타의 형식을 빌려 경청하고 존중하면서 우리는 대화를 이어나갔다. 우리는 사랑에 대한 이야기를 하기 전에 감사하다는 말을 했다. 나는 나를 태어나게 해 준 친정 엄마에게 너무 감사했고, 시집온 나를 가슴으로 키워 주신 시부모님에게 감사했다. 왜 사랑을 이야기하는데 감사한 마음이 먼저 들었을까?

남편과 나는 부모님의 사랑을 느끼는 방법이 감사라고 생각을 모았다. 하나부터 끝까지 주시기만 하는 그 내리사랑에 감사함을 느끼는 것이 우리가 받은 사랑에 대한 표현이었다. 그리고 우리가 서로에게 느끼는 사랑 또한 감사라는 것이 신기했다. 우리는 서로 사랑하고 사랑받는 것에 감사함을 느꼈다. 나는 남편이 한결같이 나를 지지해 주고 존중해 주며 날이 갈수록 존경할 수밖에 없는 사람이 되어가는 것에 감사했고, 남편은 내가 시부모님과 아이들, 그리고 자신에게 인내하고 웃어 주는 것에 감사했다.

그런데 아이들에게 느끼는 사랑은 감사가 아니었다. 감사함보다 '사랑스럽다'는 표현밖에는 할 수가 없었다. 우리 부부는 누구보다도 유난스럽다. 남편은 무뚝뚝한 편인데도 아이들과 내가 하도 유난을 떠니 영향을 받는다. 역시 곁에 있으면 닮나 보다.

처음에는 우리 부부도 이렇게 이야기하는 것이 쉽지는 않았었다. 그러나 임신소양증이라는 한 고비, 전원주택 짓기라는 두 고비를 함께 넘기면서 역경을 함께 이겨 낸 동지애 같은 것이 생겼다. 내가 평생을 함께 웃고 울고 의지할 사람, 내 영혼의 고향은 이 사람이라는 생각이 들었다.

우리는 아이든에게 행복한 가정이라는 경험과 하브루타를 통한 지혜를 유산으로 남겨 주고 싶다는 이야기를 했다. 물론 돈을 남겨 주는 것도 좋겠지만 그 돈을 지킬 수 있는 지혜를 주지 못한다면 무슨 소용이겠냐는 의견에 도달했다. 그리고 돈으로 행복을 살 수 있고 나눌 수도 있겠지만 가족의 관계가 깨져 버린다면 그것은 돌이킬 수 없다는 것에 동의했다.

남편이 처음부터 육아에 협조적이고 친절하고 자상한 사람은 아니었다. 그런데 말하는 대로 이루어지고 염원하는 대로 이루어진다는 말 그대로 남편은 달라져 갔다. 나는 이제 우리 조상님들이 물을 떠서 밤새 기도하던 염원의 에너지를 인정한다. 내가 그 증거다. 이제 아이들에게도 잘할 거라는 믿음과 긍정의 에너지를 보낼 것이다.

왜 진작 이 생각을 못했는지. 그러나 생각이 난 지금부터 시작이다. 당신도 나와 같다면 이 책을 읽은 순간부터 시작하라. 아이를 전적으로 믿고 잘될 거라는 에너지를 보내 주자. 아이를 사랑한다면 말이다.

아이들을 사랑하기에 우리는 하브루타를 받아들였고 연구하며 작은 것부터 지속하려고 노력 중이다. 이것은 결국 가족을 이해하고 사랑하는 출발점이 되어 주었다. 우리는 아이와 함께 가족 하브루타를 하는 것이 익숙해지면 할머니, 할아버지와도 함께 하브루타를 해 나갈 생각이다. 그렇게 되면 우리 아이들이 어른에 대한 존경심과 사랑을 배워 나갈 것이다. 빠르지 않아도 천천히 그렇게 될 것임을 진심으로 믿는다.

아이들이 자랄수록 우리는 가족 하브루타로 가족의 비전을 나눌 것이다. 이 세상에 존재하는 의미에 대해 질문하고, 대답하고, 관점을 넓히고, 생각을 만들어 갈 것이다. 인생의 방향을 잡아 주고 이룰 것이다.

질문은 곧 존재와 사물에 대한 생각을 유발한다. 왜 생각을 해야 하는지 화두를 던진다. 생각과 질문을 통해 아이들은 논리적으로 상황을 파악하고 스스로 질문의 답을 찾으며 자신이 정한 목표를 이룰 수 있는 동기를 얻게 될 것이다.

우리 모두는 공부를 잘해서, 특기가 있어서가 아니라 다른 존재에게 선한 영향력을 주는 존재 자체로 이미 아름답고 귀한 생명이라는 것을 잊지 말아야 한다. 이것을 나누면 내 아이가 가장 행복해질 수 있는 길과 방법을 함께 찾을 수 있다. 결국 엄마인 나 또한 가장 행복해지는 것임을 이 책을 쓰며 알게 되었다.

딸아이는 책을 쓰는 내 모습을 보며 작가가 되고 싶다고 했다. 나는 그 말을 듣고 너무 기뻤다. 그리고 책을 쓰며 나 자신의 감정을 깊이 있게 생각하고 바라보는 과정에서 책을 읽는 것보다 훨씬 많은 것을 깨달았다. 자신의 감정을 알아차리는 연습을 하는 것은 바로 스스로가 좋은 부모가 되고 싶다는 열망이라는 것을 자연스레 알 수 있었다. 나의 열망 그대로 결코 포기하지 않을 것이다.

나에게 아이들은 우주나 마찬가지다. 아이들의 우주를 망가뜨리고 싶은 부모는 아무도 없을 것이다. 지금 당장 아이와 눈을 맞추고, 아이의 생각을 물어보고, 온 마음을 다해 존중하며 들어 주는 것이야말로 아이를 위해 할 수 있는 가장 좋은 일이다.

내가 이렇게 강한 긍정의 에너지를 가지게 된 것은 한 사람 덕분이다. 《미친 꿈에 도전하라》, 《당신은 드림워커입니까》 등을 펴내고 동기부여가로 활발히 활동 중인 권동희 작가의 강연 중 "왜 지금부터 최고가 되면 안 되는가? 왜 지금부터 바뀌면 안 되는가?"라는 질문을 듣고 나는 바뀌기로 마음먹었다. 내가 바뀌었듯이 당신도 바뀔 수 있다.

이 책의 마침표는 당신과 나, 우리의 하브루타 시작을 알리는 시작점이다. 이 책을 읽고 당신이 스스로 시간을 가질 필요가 있다는 것을 느끼길 바란다. 지금도 당신은 충분히 소중하고 훌륭한 부모다. 하브루타에 도전하는 자신에게 자부심을 갖기를 바란다. 어려워 말고 시작하자.

아이를 위해 하는 일이지만 결국 시간이 지나면 알게 될 것이다. 나를 위한 길이라는 것, 그리고 내가 행복해지고 성장하는 것이 아이들을 위하는 가장 빠른 길이라는 것을 말이다. 당신의 도전을 진심으로 응원하며 당신과 같은 사람들이 많아지기를 고대한다. 그래야 우리 아이들이 서로의 의견을 나누고 질문하고 경청하며 새로운 세상을 만들 수 있는 리더가 될 수 있지 않겠는가.

생각하는 수업, 하브루타

초판 1쇄 인쇄 2019년 3월 27일
초판 1쇄 발행 2019년 4월 3일

지 은 이 **지성희**
펴 낸 이 **권동희**
펴 낸 곳 **위닝북스**
기   획 **김도사**
책임편집 **김진주**
디 자 인 **이혜원**
교정교열 **박고운**
마 케 팅 **강동혁**

출판등록 **제312-2012-000040호**
주   소 **경기도 성남시 분당구 수내동 16-5 오너스타워 407호**
전   화 **070-4024-7286**
이 메 일 **no1_winningbooks@naver.com**
홈페이지 **www.wbooks.co.kr**

ⓒ위닝북스(저자와 맺은 특약에 따라 검인을 생략합니다)
ISBN 979-11-6415-012-0 (03590)

이 도서의 국립중앙도서관 출판도서목록(CIP)은 서지정보유통지원시스템
홈페이지(http://seoji.nl.go.kr)와 국가자료공동목록시스템(http://www.nl.go.
kr/kolisnet)에서 이용하실 수 있습니다.(CIP제어번호: CIP2019010138)

위닝북스는 독자 여러분의 책에 관한 아이디어와 원고 투고를 설레는
마음으로 기다리고 있습니다. 책으로 엮기를 원하는 아이디어가 있으신 분은
이메일 no1_winningbooks@naver.com으로 간단한 개요와 취지, 연락
처 등을 보내주세요. 망설이지 말고 문을 두드리세요. 꿈이 이루어집니다.

※ 책값은 뒤표지에 있습니다.
※ 잘못 만들어진 책은 구입하신 서점에서 교환해 드립니다.